JN239716

# 上下水道事業PPP/PFIの制度と実務

ウォーターPPP／コンセッションまで
官民連携手法を徹底解説

加藤裕之・茨木 誠
福田健一郎

編著

*Water & Sewerage*
*PPP/PFI*

中央経済社

# は じ め に

近代における日本の上下水道事業は，明治時代に開始されて以来，すでに100年を超える長い歴史を有し，時代の変化に対応しながらさまざまな政策や事業を産官学が一体となって推進し，日本の国民生活の改善，経済社会の発展に貢献してきた。そして，今，これまでに経験したことのない大きな変革の時を迎えている。それは，上下水道事業の運営を行う事業体のあり方の変革である。

人口減少，財政難等という背景のなか，上下水道事業における官民連携の推進が，持続的な経済成長のための政府の産業政策の重要な柱となっている。すでに，上下水道という一領域を超えた日本の政策となっているといってよい。

内閣府，厚生労働省，国土交通省等により法改正，財政支援等の多様な政策が打ち出されてきたが，2023年には内閣府よりコンセッションに段階的に移行するための官民連携方式（管理・更新一体マネジメント方式）等として「ウォーターPPP」が打ち出され，水道，下水道等のそれぞれに100箇所（2022年〜2031年の期間中）を実施するという目標が設定され，すでに，全国の自治体が本方式の導入のための検討に着手しているところである。日本の上下水道事業は本格的な官民連携の時代に入ると考えられる。

一方，近年の上下水道事業等に関する官民連携の動向を振り返ると，まずは上下水道に関する日本初のコンセッションである浜松市，そして須崎市（いずれも下水道事業）という先進的な事業が開始されて約5年が経つ。そして，上下水道，工業用水が一体となった宮城県のコンセッションがスタートした（2023年度）。さらに，官民連携の受け皿となる組織体も多様化している。官出資による会社として，横浜ウォーター株式会社及びクリアウォーターOSAKA株式会社，官と民の出資による会社としては，株式会社北九州ウォーターサービス，株式会社群馬東部水道サービス，株式会社水みらい広島等が創設され着実に事業を実施してきている。2024年4月からは，秋田県および県内のすべての市町村と企業からの出資による株式会社ONE・AQITA（わん・あきた）が県内全市町村の支援組織として事業開始するなど，これまでなかった官と民に

よるさまざまな組織体が創設されるなどの動きも活発化している。さらに，水道事業が国土交通省に移管され（水質規制等は環境省），今後，上下水道一体を含めた多様な事業の一体的な官民連携の推進が想定される。

　今回，この時期に本書を発刊する趣旨は，日本の上下水道事業が官民連携を主流とする時代に入っていく前の「現時点」において，これまで先進的に導入された多様な官民連携事業をできるだけ網羅的に振り返るとともに，一定の評価を行う。そして，官民連携事業をスタートし着実に推進していくためには，官側と民側のそれぞれが多様な課題をどのように克服してきたのかを総括することを目的とするものである。

　本書の発刊にあたっては，先進的に官民連携事業を行ってきた多くの自治体，企業の皆様にインタビューや投稿，データ提供いただくなど，さまざまなご協力をいただいたことに御礼を申し上げたい。

　本書が，自治体，企業，学生，多くの市民など，今後の日本の上下水道事業の官民連携を考えるさまざまな方々のお役にたてば幸いである。

東京大学大学院都市工学科

**加藤　裕之**

# 目　次

はじめに（加藤 裕之）／i

## 第1部　総　論／1

### 第1章　上下水道事業経営の現状と課題／2
　1　上下水道事業の基本情報／2
　　（1）　上下水道事業の経営に関する制度／3
　　（2）　上下水道事業の流れ（プロセス）／4
　　（3）　上下水道事業に関する基礎数値／6
　2　上下水道事業の課題／10
　　（1）　収益面での課題／10
　　（2）　施設面での課題／11
　　（3）　担い手に関する課題／13
　　（4）　人口減少時代の水道料金はどうなるのか／15
　　（5）　上下水道の課題解決に向けた主要な施策／16

### 第2章　PPP/PFIの制度解説（一般論）／17
　1　PPP/PFIとは何か／17
　2　上下水道事業とPPP/PFI／18
　　（1）　施設の新規整備や全面建替えを含む方式／19
　　（2）　既存施設の運転・維持管理を行う方式／21
　　（3）　運転・維持管理に加えて更新業務を含む方式／23
　3　上下水道事業におけるPPP/PFIの展開／25

### 第3章　PPP/PFI推進アクションプラン（令和5年改定版）／27
　1　PPP/PFI関係施策の進展と多様化／27

### 第4章　ウォーターPPP／30
　1　新たな官民連携手法：ウォーターPPPとは／30
　　（1）　ウォーターPPPが生まれた背景／30

# 第 1 部

総 論

# 第1章
# 上下水道事業経営の現状と課題

## 1 ｜ 上下水道事業の基本情報

　日本の上下水道事業は市町村を中心とする地方自治体が運営主体となって経営されている。

　水道，下水道ともすでに普及しているものの，近年では，人口減少等による利用量や料金収入の減少，設備の老朽化による更新費用の増加が課題となっている。このままでは，水道料金で費用を賄う独立採算である水道事業の経営は，水道料金を約40％値上げしないと成り立たないという試算もある（詳細は**第1部第1章1（3）**参照）。

　また，事業の担い手である職員体制の弱体化という課題もある。自治体が全体的に職員の定数削減を進めるなか，施設は老朽化が進展したり，最近では脱炭素化の推進，激甚化する災害などへの対応も急がれたりする状況があるなかで，職員は減っているケースが多い。特に人口が少ない自治体では，数名の職員で上下水道事業を運営しているケースもあり，水道管の破裂による漏水などが発生すると，他の業務に手がつかなくなるという厳しい状況で経営されている。そうした状況のなかで，効率的な事業実施に資するような業務や施設管理のデジタル化への取組みも活発化してきている。こうした上下水道の現状と課題を，以降概観する。

## （1）　上下水道事業の経営に関する制度

　水道（上水道）事業には，水道法第6条第2項に定められた市町村経営の原則がある。当該条文は，「水道事業は，原則として市町村が経営するものとし，市町村以外の者は，給水しようとする区域をその区域に含む市町村の同意を得た場合に限り，水道事業を経営することができるものとする。」と定めている。そのため，水道の利用者である住民や企業などへの供給を担う「末端給水事業」を市町村が実施（東京，千葉，神奈川，長野では例外的に都県が末端給水）している。なお，水を浄水して，末端給水事業者に卸売する「用水供給事業」は道府県や企業団（複数自治体からなる事務組合）が実施している。これら水道事業を経営するには厚生労働大臣[1]や都道府県知事の認可が必要となるので，市町村や都道府県が，水道法上の認可を受けた水道事業者等（水道事業体ともいう）ということとなる。

　なお，市町村経営の原則は，あくまで原則であるので，日本には9事業の民営水道が存在しているが，それらは主に長野県などの別荘地において，不動産開発業者等が営む小規模なものとなる。

　計画給水人口が5,000人以下となると水道法上「簡易水道」という事業区分となり，100人以下になると水道法の対象外となり「飲料水供給施設」などといった区分となる。こうした事業については，市町村が運営しているケースもあれば，公的な補助はありつつも集落の住民の力によって運営されているケースなども見られるようになる。

　下水道事業は，水道が「原則」であるのと異なり，「必ず」地方自治体が運営する事業であり，地方自治体は「下水道管理者」と呼ばれる。下水道法第3条では，「公共下水道の設置，改築，修繕，維持その他の管理は，市町村が行うものとする。」とされているからである。下水道事業も事業のカバー領域によって，市町村が運営する事業（家庭や企業などからの汚水を下水管に集め，下水処理場で処理をする公共下水道事業）と都道府県が運営する事業（2つ以

---

1　水道事業の管理行政については，2024年4月1日に国土交通省に移管されている（水質管理については環境省）点に留意いただきたい。

上の市町村に跨って集められた下水の処理に特化した流域下水道事業）が存在している[2]。また，下水道以外にも生活排水を処理するインフラとして農業集落排水（農林水産省所管）があり，個別処理の生活排水処理インフラとして浄化槽（環境省所管）が存在する。

　上下水道事業は地方自治体が運営していることから，税金によって事業が行われていると思われがちだが，実際はそうではない。サービスの受益と負担を紐づける受益者負担の原則が適用可能なものとして，特別会計の設置や独立採算制の原則が地方公営企業法等に定められている。

　具体的には，水道事業特別会計，下水道事業特別会計が設置され，一般会計とは区分された経理となり，民間企業と同様の発生主義に基づく財務諸表[3]を作成する必要がある。また，事業の運営に要した費用は，基本的には水道料金や下水道使用料を利用者に請求して回収することとなる。事業の運営に要する経費には，職員の人件費，水を処理したりポンプを稼働させたりするために必要となる動力費（電気代），管路や処理設備の整備や更新工事のコスト，などが主に含まれる。「基本的には」，と記したのは，国や自治体が税金で一部の費用については公的補助（補助金や交付金の支給）をしているからである。

　このように，上下水道事業では，民営化は極めて限定的または制度上不可能である点，また，独立採算原則のなかで利用者から徴収する料金をできる限り効果的に支出していく必要があるという点が，PPP/PFIが活用される基礎となる。

## （2）　上下水道事業の流れ（プロセス）

　上下水道事業における水の流れやその過程における処理プロセス等を確認する（図表1-1-1）。

　水道事業であれば，水源（河川や地下水等）より取水し，導水管を経て，浄

---

2　流域下水道に下水処理を委ねている市町村は，下水管のみ保有していて下水処理場を保有していないことがある。処理区が複数ある市町村の場合には，下水処理場がある処理区と流域下水道に接続している処理区が併存している場合もある。

3　損益計算書，貸借対照表，キャッシュフロー計算書等を指す。

水場で浄水処理がなされる。浄水された水道水は，高低差などに応じてポンプ場を経由し，送水管によって配水池で貯水され，配水本管，配水支管を経由し，敷地内のメーターで計量され蛇口に届けられる。浄水処理に際しては，浄水汚泥が発生し，浄水汚泥は産業廃棄物となるか，産業資材として再利用されることもある。浄水汚泥を脱水等する設備等を排水処理施設と呼ぶのが一般的である。

　他方，下水道事業は，トイレや家庭の水回り，事業場などから排出された汚水が枝線管路に集まる。下水道管路は，管路の傾きと重力による自然流下が基本であり，水道管のように圧力で送水することは基本的にはない。それゆえ，一定間隔でマンホールポンプやポンプ場で揚水をする必要が生じる。幹線管路と呼ばれる大口径の管路で集約された汚水は，下水処理場に流入し，汚水処理プロセスを経て，河川や湖，海などの公共用水域に放流されることとなる。汚水処理プロセスで生じた下水汚泥は，脱水工程を経て，場合によっては焼却炉で灰にされることもあるが，産業廃棄物として処分されたり，肥料化・建材化・固形燃料などに再利用されたりする。

**【図表1-1-1】上下水道事業における水の流れと処理プロセス**

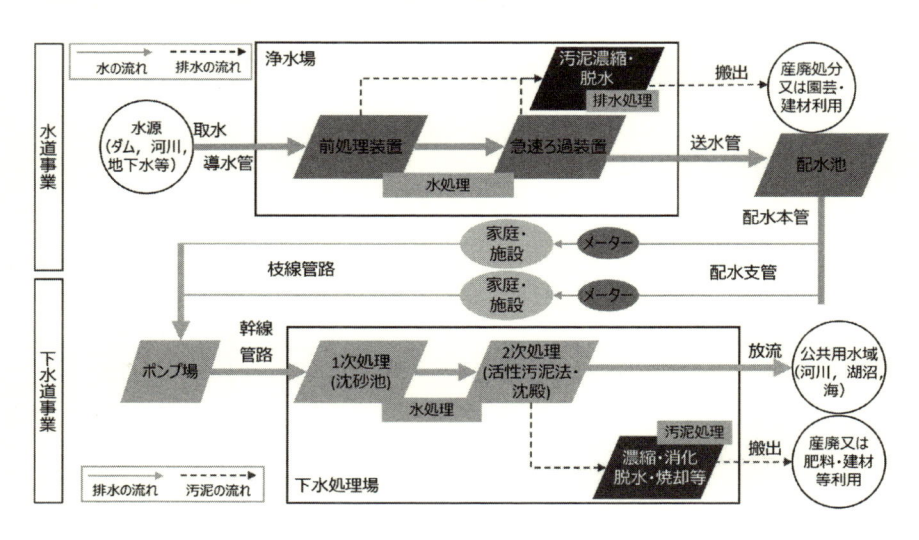

（著者作成）

## （3）　上下水道事業に関する基礎数値

　水道事業と下水道事業の基本的な数値を確認する（図表1-1-2）。事業数や普及率といった部分は，地方自治体が運営していることやおおむね新規整備は完了し，国内で住民誰しもが利用できるユニバーサルサービスになっているといえる。また，地下に張り巡らされた水道管，下水道管を中心として約90兆円に及ぶ資産規模となる。こうした点は共通した要素だ。

　他方，相違点としては，職員数と独立採算度合いの2点を指摘できる。水道事業は，地方自治体における職員数が下水道事業に比べて多く，また水道事業のほうが料金収入による独立採算となっている色合いが強い。

　まず，職員体制について，水道事業は事業の開始が下水道事業より古く，施設の運転や維持管理を地方自治体職員が直接担う直営体制が構築できた。それに比べて，下水道事業は整備が始まったのが遅く[4]，日本下水道事業団のような地方自治体外部の発注支援組織の活用や，民間事業者への下水処理場の運転・維持管理の委託を積極的に行いながら急速に整備を進めてきた[5]。

　また，国は，河川，湖，海といった公共用水域の水質改善にも資する下水道整備を急速に進めるべく，地方自治体への国庫補助を強力に行う仕組みを構築しており，ほとんどの地方自治体が下水道事業全体で数千億円規模に及ぶ国庫補助（交付金）を活用している。水道にも国庫補助は存在するが，その予算規模は下水道の1／10程度の規模であり，国庫補助を活用する水道事業体と活用しない事業体が存在する。

　日本全国の上下水道事業の支出を足し合わせると，おおむね各3兆円の計6兆円／年（令和3年度）となる。直近約10年での変化を見ると，水道事業では，老朽化した水道管等の更新の増加により建設改良費が増加（9,610億円から1兆2,890億円へ約3割増）している。下水道事業についても，運営費用（施

---

[4]　下水道整備が加速する契機となった「公害国会」（1970年）の頃は，下水道が存在するのは大都市の一部に限られ下水処理人口普及率は8％に過ぎなかった。他方，水道は，1960年時点で対人口普及率が50％を超えていた。

[5]　2021年度末には下水道の普及率は80.6％，浄化槽等含めた汚水処理人口普及率は92.6％となっている。

【図表1-1-2】日本の上下水道事業に関する基本情報

| | 水道事業 | 公共下水道事業<br>(公営企業法適用(企業会計)) | 公共下水道事業<br>(法非適用(官庁会計)) | 共通点・相違点 |
|---|---|---|---|---|
| | | 会計制度移行中<br>今後企業会計化 | | |
| 事業数 | 末端 1,248<br>用水供給 69 | 公共下水道 913<br>特定環境保全公共下水道 449<br>流域下水道 43 | 公共下水道 275<br>特定環境保全公共下水道 293<br>流域下水道 3 | • 原則市町村営<br>• 一部(主に用水・流域)は都道府県営 |
| 対象人口 | 給水人口1億2,197万人<br>(普及率98.2%) | 1億78万人<br>(普及率80.6%) | 427万人 | • 新規整備は上下水道ともに完了<br>(下水は浄化槽も別途あり) |
| 自治体職員数 | 47,676名 | 27,048名 | 1,125名 | • 下水は後発でもともと民間委託傾向(公共職員数少ない) |
| 資産 | 32.0兆円 | 58.5兆円 | 不明(1兆円程度?) | • 7-8割は管路資産 |
| 負債 | 14.5兆円 | 46.5兆円 | 不明 | • 公的財政融資による貸付が主 |
| 料金収入(※) | 2.6兆円 | 1.5兆円 | 0.07兆円 | |
| 他会計繰入金・国庫補助金 | 0.2兆円<br>収益的収入0.06兆円<br>+資本的収入0.17兆円 | 1.4兆円<br>収益的収入1.08兆円<br>+資本的収入0.35兆円 | 0.1兆円<br>収益的収入0.11兆円<br>+資本的収入0.04兆円 | • 水道は独立採算性強く,下水は制度的に公費入る前提(料金収入額にも差) |
| | うち国庫補助(厚労省)約0.06兆円/年 | うち国庫補助(国交省) 約0.5兆円/年 | | |
| コスト<br>(運営+建設改良の支出) | 2.9兆円 | 3.0兆円 | | • 近年,特に水道では更新投資の増加により費用が増加傾向 |

※　水道の供給規模，職員数，資産および負債には地方公営企業法を適用した簡易水道（34事業）の数値を含む。
※　水道料金収入は末端給水，用水供給および法適用簡易水道の合計。
※　公共下水道の資産負債規模は，流域下水道を含む。
出所：総務省「令和3年度地方公営企業年鑑」より作成

設の運転や維持管理，動力費や薬品費，修繕等に要する人件費，委託費その他の経費）と建設改良費が増加している（図表1-1-3）。

　地方自治体が実施していることから，上下水道事業には事業体間の規模の格差が存在する。水道料金を主とする年間収益が3,000億円を超える東京都水道局が最大の事業として存在する一方で，小規模市町村の水道事業では平均的な収益は1億円程度となる。

　また，440事業存在する給水人口3万人未満の水道事業では，平均職員数が10人に満たない。事業に関する総務，経営計画策定および料金設定などの業務遂行や，浄水場や水道管などの点検，修繕または更新業務の発注といった一連の業務を日々実施するための体制としては心もとないものといわざるを得ず，それゆえ水道事業の広域化が必要とされることとなる（図表1-1-4）。

## 【図表1-1-3】上下水道事業のコスト（全国合計）

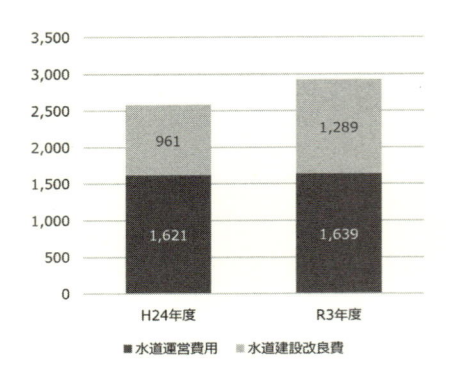
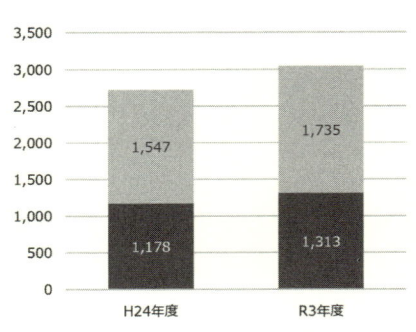

運営費用＝営業費用から減価償却を引いたもの（支払利息も含まない）であり，人件費，薬品・動力費，総務費，運転管理，点検修繕や料金徴収の委託費等を含む。
建設改良費＝浄水場，下水処理場の土木・機械設備・電気設備や，管路の整備や更新などの資本的支出。
出所：各年度の総務省「地方公営企業年鑑」よりEY作成

## 【図表1-1-4】給水人口別区分の水道事業の平均規模

| 現在給水人口別区分 | 事業数 | 営業収益（千円）<br>（1事業あたり）※3 | 費用合計（千円）<br>（1事業あたり）※4 | 建設改良費（千円）<br>（1事業あたり） | 職員数<br>（1事業あたり） |
|---|---|---|---|---|---|
| ①東京都（1,365万人） | 1 | 306,044,230 | 293,981,560 | 115,482,610 | 3,647 |
| ②大規模事業体 | 6 | 54,694,886 | 51,266,294 | 24,194,312 | 1,039 |
| ③政令市（②除く。千葉市も除く※2） | 14 | 20,224,923 | 19,749,008 | 10,294,972 | 401 |
| ④30万人以上100万人未満（③除く） | 49 | 7,509,755 | 7,243,238 | 3,794,514 | 122 |
| ⑤10万人以上30万人未満 | 74 | 3,030,570 | 3,044,520 | 1,462,094 | 48 |
| ⑥3万人以上10万人未満 | 192 | 1,102,996 | 1,187,719 | 548,567 | 16 |
| ⑦1万人以上3万人未満 | 248 | 400,839 | 460,737 | 208,709 | 7 |
| ⑧1万人未満 | 192 | 157,690 | 221,437 | 93,624 | 3 |
| 全体 | 1,248 | 1,924,911 | 1,942,194 | 918,371 | 31 |

※1）大規模事業体は，給水人口が概ね200万人以上400万人未満となる，千葉県（306万人），神奈川県（284万人），札幌市（196万人），横浜市（375万人），名古屋市（245万人），大阪市（274万人）の6事業。
※2）千葉市は，千葉市営水道が若葉区・緑区の一部のみを給水対象（給水人口4.5万人）とするため3～5万人のカテゴリーで集計。
※3）給水収益に他会計負担金，その他営業収益を含む。
※4）経常費用から受託工事費，附帯事業費，材料および不用品売却原価を除いたもの。
出所：総務省「令和3年度地方公営企業決算状況調査」データより作成

　同様に図表1-1-5により水道事業を対象として，水道水1㎥（1立米＝1,000リットル）あたりの浄水および配水に要する費用，料金収入で回収すべき費用（給水原価）および供給単価（水道の販売単価）をみると，人口3万人未満の水道事業の総体としては赤字となっている。その主要因は，施設整備関係コスト（減価償却費および支払利息）がかさんでいる点であり，利用効率（≒人口密度）の悪さに起因するものと考えられる。独立採算制の原則ゆえ，費用に合わせて水道料金単価を引き上げることが原則となるが，使用者や議会の理解を得ることは必ずしも容易ではないケースなどもある。その場合，料金だけでは費用を回収できない状態となる。

**【図表1-1-5】給水人口別区分の費用構成，給水原価，供給単価および料金回収率**

単位：有収水量1㎥あたり円

| 現在給水人口別区分 | 費用合計 | 職員給与費 | 支払利息 | 減価償却費 | 修繕費 | 委託料 | その他 | ①料金で回収すべき費用（給水原価） | ②供給単価 | ③利ざや（②-①） | 料金回収率（②/①） |
|---|---|---|---|---|---|---|---|---|---|---|---|
| ①東京都（1,365万人） | 201.3 | 19.1 | 2.0 | 49.7 | 66.8 | 34.0 | 29.7 | 198.4 | 187.1 | △11.3 | 94.3% |
| ②大規模事業体 | 171.0 | 25.7 | 5.3 | 57.8 | 15.0 | 20.4 | 46.7 | 160.6 | 169.2 | 8.7 | 105.4% |
| ③政令市（②除き，千葉市も除く※2） | 172.7 | 24.5 | 6.6 | 64.2 | 10.4 | 17.4 | 49.6 | 159.8 | 165.0 | 5.2 | 103.2% |
| ④30万人以上100万人未満（③除く） | 167.9 | 18.6 | 6.4 | 64.0 | 7.4 | 22.5 | 49.0 | 153.1 | 166.5 | 13.5 | 108.8% |
| ⑤10万人以上30万人未満 | 177.4 | 18.1 | 6.4 | 66.1 | 7.7 | 21.9 | 57.2 | 160.5 | 168.4 | 7.9 | 104.9% |
| ⑥3万人以上10万人未満 | 194.0 | 16.6 | 8.4 | 79.1 | 8.7 | 23.5 | 57.7 | 170.4 | 173.0 | 2.5 | 101.5% |
| ⑦1万人以上3万人未満 | 212.5 | 21.7 | 10.7 | 91.1 | 10.9 | 21.1 | 57.0 | 184.3 | 178.3 | △6.0 | 96.8% |
| ⑧1万人未満 | 278.6 | 29.0 | 15.5 | 134.5 | 14.4 | 26.0 | 59.2 | 229.0 | 192.9 | △36.0 | 84.3% |
| 全体 | 183.8 | 20.2 | 6.6 | 67.5 | 16.0 | 22.9 | 50.6 | 167.7 | 171.7 | 3.9 | 102.4% |

※1）千葉県（306万人），神奈川県（284万人），札幌市（196万人），横浜市（375万人），名古屋市（245万人），大阪市（274万人）の6事業。
※2）千葉市は，千葉市営水道の給水区域が，若葉区・緑区の一部のみ（給水人口4.5万人）のため，3〜5万人のカテゴリーで集計。
出所：総務省「令和3年度地方公営企業決算状況調査」データより作成

## 2 ｜ 上下水道事業の課題

　上下水道事業を取り巻く環境は，人口減少，老朽化した施設の増加，少子・高齢化等による担い手不足といったさまざまな課題に直面している（図表1-1-6）。

**【図表1-1-6】水道事業が直面する課題**

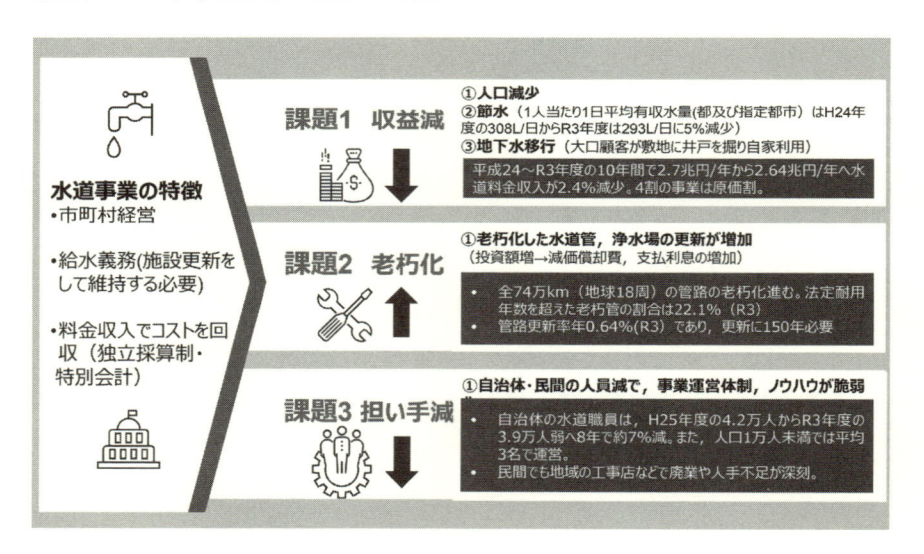

（著者作成）

## （1）　収益面での課題

　収益面では，有収水量が減少し始めており，直近10年間で約2％減少している。人口減少による需要減少以外にも収益減につながる要素がある。例えば，節水という観点では，節水型のトイレや水回り設備が住宅やオフィスなどで導入されることで，人々が日々意識をしなくとも節水は進んでいく。また，日本の上下水道料金は「逓増（ていぞう）型」の料金単価を設定しており，使用量が増えれば増えるほど，より高い1㎡あたりの単価が適用される。多量使用者

に節水を意識させるという意味合いの仕組みであるが，昨今の水道事業経営面では課題にも直面している。

　例えば，昨今では，単身世帯が増えており，1契約あたり使用水量が減ることで，その分単価も低下する。工場や病院といった大口使用者は高単価となるため，それを回避するために，敷地内に井戸を掘ることが可能な場合には，地下水に転換するといった動きに出ているケースも多い。しかも，工場や病院などが，井戸の水質悪化や設備故障で地下水が使用できなくなった時のために，水道局との契約を継続することが一般的である。そのため，大口の地下水移行によって，水道事業体は減収となる一方で，浄水場や水道管路などをダウンサイジングできずコストだけがかかり続けるため，経営面での悪影響が大きい。

## （2）　施設面での課題

　水道施設では過去に投資された水道管路や浄水場などの施設が更新時期を迎えている。厚生労働省によると，古い時期に敷設された管路は約40年，それ以外は60年，機械設備や電気設備は25年，土木・建築関係は約70年という更新基

【図表1-1-7】水道事業における費用の実績と予測

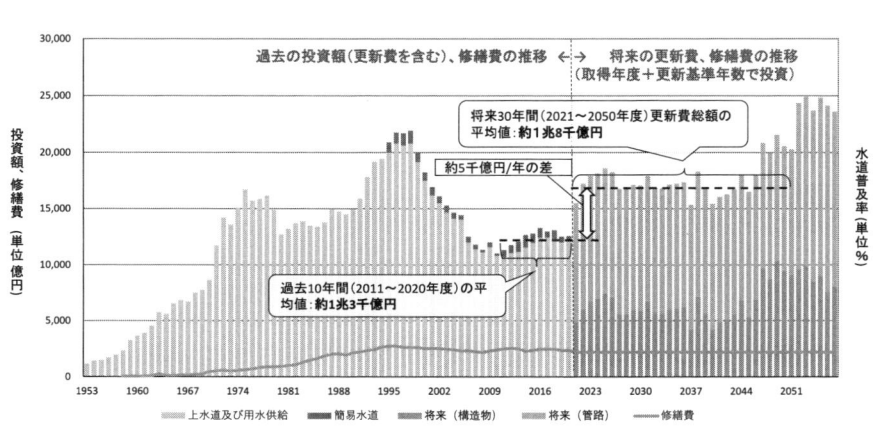

出所：厚生労働省資料

準年数の設定をしており，比較的最近の2000年前後に建設された浄水場であっても，設備関係は更新時期を迎えている。

　図表1-1-7は厚生労働省が試算した今後の水道施設の更新に必要となる費用の算出結果だが，今後は，年約1兆8,000億円の水準で更新を実施していかなければならず，直近実績の1兆3,000億円では，年5,000億円不足するという結果になっている。

　実際に，水道管の老朽化状況を見ると，老朽化した水道管が全体の管路延長に占める比率は年々増加しており，2021年度には，22.1％（管路延長全体は地球約18周分強の74万km）という状況になっている。全体の管路延長のうち，毎年実施できた更新工事の延長の比率である管路更新率を見ると低下傾向にあり，2021年度には，0.64％となっている。更新率が仮に1％であれば，100年ですべての管路が更新されるという計算となるが，0.64％では，150年以上を要するということになり，最新の水道管が耐用年数100年といわれることを考慮したとしても，管路網の健全性を保ち続けるのが困難な状況となっている。

**【図表1-1-8】法定耐用年数（40年）を超過した水道管の比率**

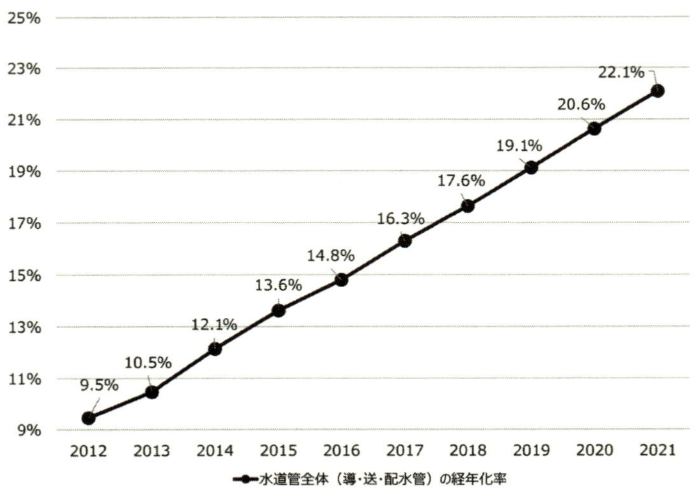

折れ線グラフ：水道管全体（導・送・配水管）の経年化率
2012年 9.5％、2013年 10.5％、2014年 12.1％、2015年 13.6％、2016年 14.8％、2017年 16.3％、2018年 17.6％、2019年 19.1％、2020年 20.6％、2021年 22.1％

出所：水道統計を基に著者作成

【図表1-1-9】管路更新率の推移

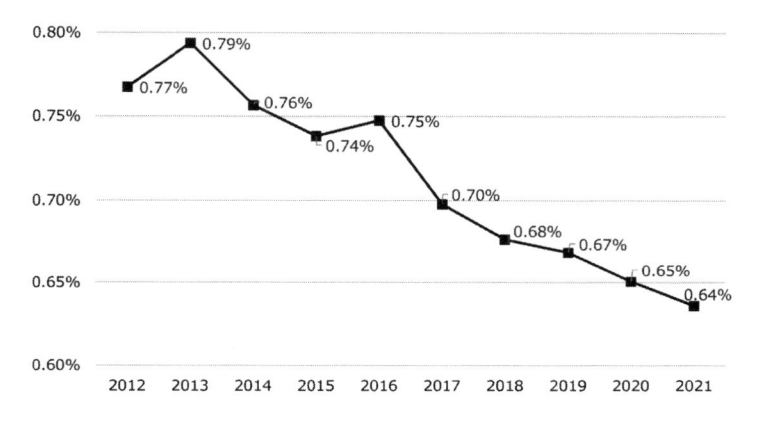

出所：水道統計を基に著者作成

## （3）　担い手に関する課題

　水道事業において老朽化が進む一方で，施設・管路更新（特に水道管）が進んでいないのは，職員数が減少しており，十分な工事発注ができていないことにも起因している。2010年から2020年における水道事業と下水道事業の給水人口，処理人口区分別にみた，1自治体あたりの平均技術職員数は，図表1-1-10の通り，大規模事業体や政令市を除くと減少している。技術職員は，更新計画の策定や設計，工事業者への発注，施設の維持管理または漏水時の対応等に重要な役割を果たす。

　下水道については，新規整備が一段落したところで職員の減少となっているケースもあると考えられる。水道事業は老朽化が進行し，更新需要の増加の伸びが大きいにも関わらず，自治体における一般行政部門を含めた一律の職員定数削減や昨今の官・民の人材獲得競争等のなかで，退職者の補充や新規採用が十分にできていない状況があると考えらえる。

【図表1-1-10】上下水道事業の1自治体あたりの平均技術職員数（人）
　　　　　　（給水人口，処理人口区分別）

| | 水道事業 | | | 下水道事業 | | |
|---|---|---|---|---|---|---|
| | 2010年度 | 2020年度 | 変化率 | 2010年度 | 2020年度 | 変化率 |
| 東京都 | 2,002.00 | 2,072.00 | 3.5% | 2,111.00 | 1,992.00 | △5.6% |
| 大規模事業体 | 511.17 | 533.00 | 4.3% | 435.00 | 448.25 | 3.0% |
| 政令市 | 216.85 | 239.08 | 10.3% | 164.60 | 170.00 | 3.3% |
| 30万～100万人未満 | 72.00 | 70.02 | △2.7% | 57.78 | 50.99 | △11.8% |
| 10万～30万人未満 | 28.61 | 27.81 | △2.8% | 19.42 | 17.18 | △11.5% |
| 5万～10万人未満 | 10.74 | 9.99 | △7.0% | 7.23 | 6.38 | △11.7% |
| 1万～5万人未満 | 3.49 | 3.34 | △4.2% | 2.64 | 2.27 | △14.2% |
| 1万人未満 | 1.15 | 1.16 | 0.8% | 1.09 | 0.80 | △26.8% |

出所：水道統計および下水道統計より作成

　また，上下水道事業におけるさまざまな業務のうち，特に中小口径の管工事
は各自治体の管工事店が上下水道管の築造（敷設）や更新などを担ってきた。
しかしながら，地域の管工事店も後継者や技術者の不足などで，もともと小規
模経営の企業が多いなかで廃業などによってその数が急激に減少している。
　例えば，水道の配水管更新などを担う管工事店の業界団体「全国管工事業協
同組合連合会（全管連）」は，組合員が，2000年頃に2万3,000社程度あったが，
2020年には1万5,000社程度まで減少している[6]。これまで地元優先で小規模工事
店も応札可能なように自治体は工事を細分化した入札を行っていたが，近年で
は，自治体側の技術職員不足で必要な数の工事発注の準備ができなかったり，
民間側の担い手不足で不調不落となったり，事業の執行が思うように進まない
状況に悩む自治体は多い。

---

6　日本水道新聞社主催「第5回水道実務者が水道のこれからを考えるウェビナー」（2021年11月10
日）資料より

## （4） 人口減少時代の水道料金はどうなるのか

　人口減少による収入減少や老朽化による支出の増加は，料金水準を上げていかないと，独立採算を保てないということを意味する。今後の水道料金水準の必要な値上げ幅を試算すると，2018年から2043年度までの間に，94％の地方自治体で平均43％の水道料金値上げが必要と見込まれている[7]。

　水道料金の全国平均値は，平均的な家庭の使用水量の場合，2018年は3,225円／月であるのが，2043年には4,642円／月に達すると推計される。また，個々の水道事業体間の水道料金水準の格差は，2018年時点でも9.1倍の差があるが，2043年度には24.9倍に広がる（図表1-1-11）。特に料金改定が必要となる度合

**【図表1-1-11】全国の水道料金（20㎥使用時）の推移予測**

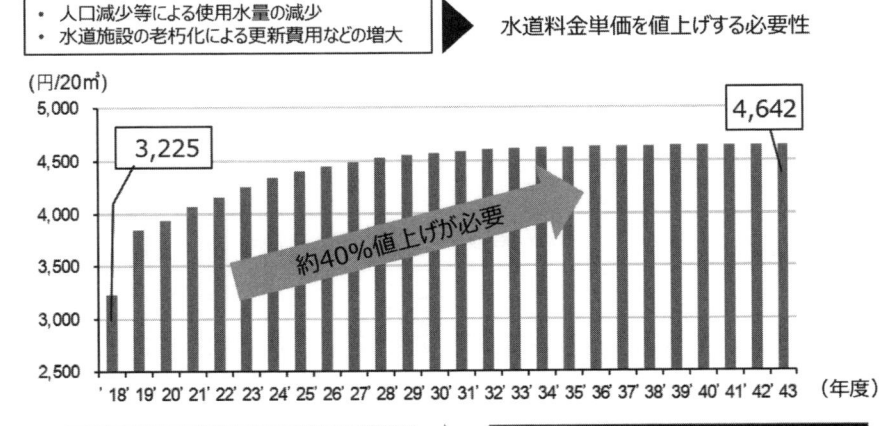

| 2018年度（実績値） | | | | 2043年度（推計値） | | | |
|---|---|---|---|---|---|---|---|
| 平均料金 | 最大料金 | 最小料金 | 料金格差（倍） | 平均料金 | 最大料金 | 最小料金 | 料金格差（倍） |
| 3,225 | 6,841 | 750 | 9.1 | 4,642 | 28,956 | 1,162 | 24.9 |

（著者作成）

---

7　EY新日本有限責任監査法人・水の安全保障戦略機構事務局（2021）「人口減少時代の水道料金はどうなるのか？（2021年版）」https://www.ey.com/ja_jp/news/2021/03/ey-japan-news-release-2021-03-31

いが高い水道事業体では，料金が月2万円を超えるという状況になる可能性がある。料金値上げ率が高い事業体は北海道・東北・北陸地方に多く，そのうち3割以上の事業体は料金値上げ率が50％以上と推計される。

　本推計は，あくまでも市町村単位での経営が続き，施設の統廃合等の今後の見込みも加味してはいない点は留意が必要だ。ただし，少なくともこのままの「成り行きシナリオ」では，水道事業の持続が困難になる可能性がある，ということを示唆するものであり，水道事業運営の仕組みや効率の改善が不可欠であるといえる。

## （5）　上下水道の課題解決に向けた主要な施策

　ここまで見てきたように，上下水道事業を取り巻く厳しい環境を受けて，PPP/PFI以外にも，広域化，デジタル技術の導入が進められている。また，地域に根差し，地域の経済や資源の循環となるようなエネルギー事業との連携（下水道汚泥の肥料化の推進等）が行われている。

**【図表1-1-12】上下水道事業の課題と対応方策**

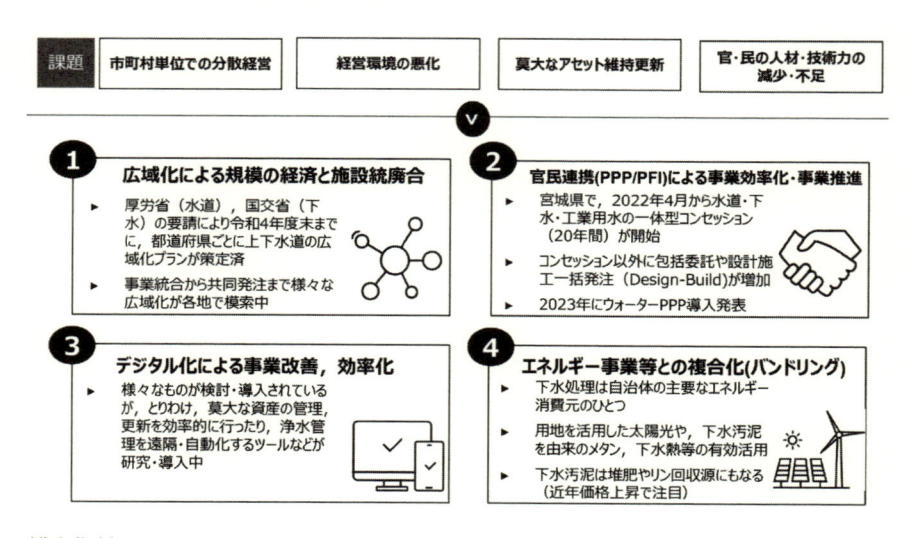

（著者作成）

# 第2章

# PPP/PFIの制度解説（一般論）

## 1 | PPP/PFIとは何か

　1999年に民間資金等の活用による公共施設等の整備等の促進に関する法律（PFI法）が成立し，施行されて以来，上下水道事業でのPPP（Public Private Partnership）やPFI（Private Finance Initiative）は着実に導入が進んできた。PPPやPFIとして活用されている具体的な方式については，後述するとして，ここでは，PPP/PFIが一般的な公共事業や業務委託と何が異なるのか，という基本的なコンセプトを整理する。

　図表1-2-1は模式的に従来型の発注形態とPPP/PFIの場合を対比したものである。PPP/PFIによる場合には，発注単位の包括化，発注期間の複数年化，業務成果を仕様で規定せずに，その施設や業務が果たすべき成果・性能によって測定する性能発注という3つの要素が成立していることが一般的に重視される。

　PPP/PFIでは，特にPFIを中心として，SPC（特別目的会社）が設置される。これは，行政とPPP/PFI契約を取り交わす主体となり，行政に代わって各種業務実施企業を選定し，発注・管理する機能を果たすこととなる。コンセッション方式のように，長期にわたって事業運営を担う事業方式の場合には，施設の長期的な維持・更新の方法などのアセットマネジメントを行う主体にもな

る。

　従来方式とのこうした差異によって，従来の公共事業と比べて，同じ成果を
より安価に実現したり，同じコストでより高い品質・成果を出したりすること
が期待される。それを指標化したのが，VFM（Value for Money）であり，
PPP/PFI方式の導入が適切であることを議会や市民に説明する根拠となる。

**【図表1-2-1】従来の公共発注とPPP/PFIの違い**

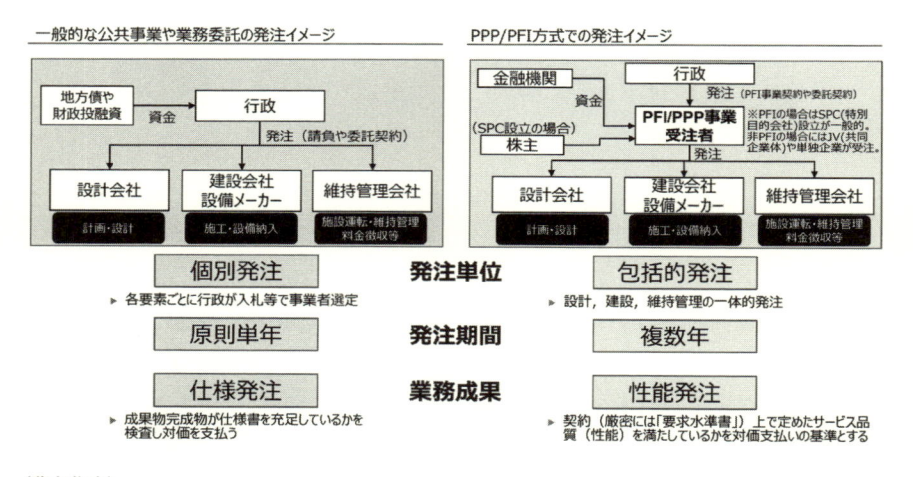

（著者作成）

## 2 ｜ 上下水道事業とPPP/PFI

　上下水道事業ではさまざまなPPP/PFI手法が用いられており，図表1-2-2
にその全体像を示す。

　大きく分けると，PFI法に基づいて行われる事業とPFI法に基づかずに行わ
れるPPP事業に大別され，両者では，事業化に向けた手続き面を中心とした差
異がある。ただ，よりわかりやすく各事業の特性の違いを理解するためには，
各種事業がどのような事業の段階で用いられ，どのような業務範囲を含むのか，
という観点で捉えるとよい。

【図表1-2-2】 上下水道におけるPPP/PFI手法の整理

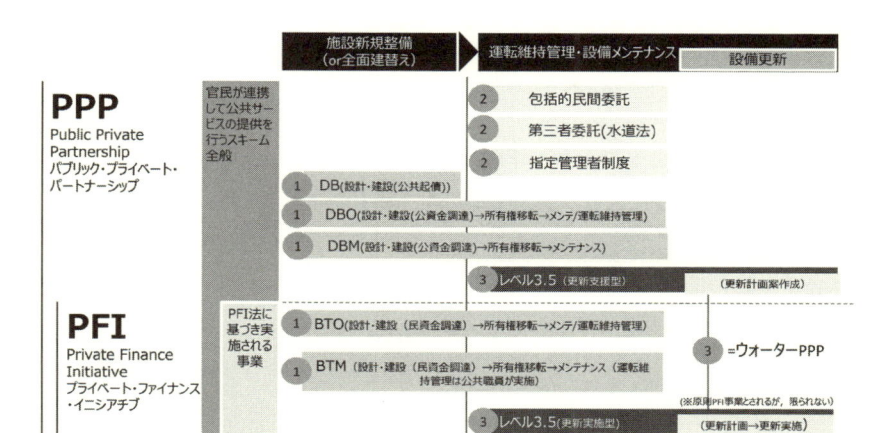

（著者作成）

## （1）　施設の新規整備や全面建替えを含む方式（図1-2-2①）

### ①　各方式の基本的な事項

　図において①で示したのが，DB（Design-Build）方式，DBO（Design-Build-Operate）方式，DBM（Design-Build-Maintain）方式と，PFI法に基づくBTO（Build-Transfer-Operate）方式，BTM（Build-Transfer-Maintain）方式の5つの手法である。

　これら手法には施設の新規整備や全面建替えが含まれ，受注した民間事業者は，まず施設の建設や全面建替えのための準備や設計等に着手し，施設の工事を行い，各種機械設備，電気設備等を設置する。

　施設が竣工し，行政に引き渡して事業が終了するのがDB方式であり，従来であれば，設計（D）と施工（B）が別々の発注手続きにより調達されるものを一括化したものといえる。

　DBO方式，BTO方式では，施設が完成したのちに，民間事業者は引き続き施設の運転・維持管理を行う。DBM方式およびBTM方式は少々特殊な方式で

あり，設備のメンテナンス（修繕）対応のみを民間事業者が担うこととなり，日常的な施設の運転管理は，別途，事業体側で人員が配置または別途運転管理企業が調達されて行われることとなる[8]。

## ②　PFI手法（BTO，BTM）とPPP手法（DBO，DBM）の違い

ここまでの解説のとおり，DB方式除くとどの手法も，施設の建設とその後の運転維持管理（またはメンテナンス）が含まれる。また，竣工した施設は民間事業者から自治体に引き渡されるため，民間事業者が上下水道施設を事業期間中に所有することもない。これらの基本的な点は共通している。

相違点としては，2点を挙げることができる。1点目は資金調達に関する点である。DBO方式やDBM方式では，建設が完了し自治体に施設を引き渡した時点で，自治体が設計・建設費を一括で民間事業者に支払う。これらの契約では，建設に関する契約は公共工事請負約款に基づくものであるので，通常の公共工事と同様の考え方になる。他方，PFI手法であるBTO方式やBTM方式では，自治体が設計・建設費を一括で支払わずに，割賦払いとし，民間事業者側で金融機関から設計・建設費の融資を受けるのが一般的である。

「一般的」としたのは，PFI法に基づくBTO方式であっても，設計・建設対価を割賦払いとしていない事業もあるからである。実際に，愛知県岡崎市「男川浄水場更新事業」[9]では，施設整備費相当のサービス対価については，設計・工事期間中に，毎年度1回，出来高の10分の9以内の額を市が民間事業者に支払うこととされており，残額は男川浄水場の所有権移転・引渡し後に民間事業者が市に支払いを請求することができる。つまり建設完了時には，施設整備に関する対価はすべて民間事業者に支払われるため，民間事業者は資金調達を必要としない形となる。このような形態が生まれているのは，民間に借入をさせるよりも，自治体が地方債を起債して借入をするほうが，金利コストが低くな

---

8　例えば，宮城県登米市「保呂羽浄水場再構築事業」はDBM方式であり，運転管理（O）を担う企業を別途市が契約する形となっている。

9　PFI事業であり，浄水施設部分は運転維持管理を市が行うBTMと，浄水工程で生じた浄水汚泥を処理する排水処理施設部分はBTOが組み合わされた契約となっている。

るのが主な要因であると考えられる[10]。


## （2）　既存施設の運転・維持管理を行う方式（図 1 - 2 - 2 ②）

### ①　各方式の基本的な事項

運転・維持管理でのPPP手法には，包括的民間委託，第三者委託および指定管理者制度がある。

包括的民間委託は，下水道法などの法令上の直接の規定はないものの，2001年4月の「性能発注の考え方に基づく民間委託のためのガイドライン」公表などを契機として，下水道分野で国土交通省が推進してきた枠組みである。その特徴は，従来の「個別業務・単年度発注・仕様発注」による個別委託とは対照的に，「複数業務・複数年・性能発注」で業務を民間に委ねるという点にある。下水道分野では，包括的民間委託に含まれる業務範囲の広さに応じて，レベル1（運転管理・保守点検のみ），レベル2（運転管理＋ユーティリティー（電力・薬品）管理），レベル2.5（レベル2に加えて一定額までの小修繕），レベル3（レベル2に加えてすべての修繕業務を含む）といったレベル分けをしている。

第三者委託は，2002年の水道法改正によって導入された制度であり，水道法第24条の3に定められている。第三者委託の特徴は，受託者は委託を受けた範囲で，水道法上の責任を負うこととなるという点にある。受託者は，水道法に定める「受託水道業務技術管理者」を置く必要があり，国または都道府県知事による報告徴収・立入検査等，水道法に基づく指導監督を直接受けることとなる。

第三者委託には，下水道の包括的民間委託のようなレベル設定は行われておらず，「水道の管理に関する技術上の業務を委託するもの」とされており，「水道施設の全部または一部の管理に関する技術上の業務を委託する場合は，技術上の観点から一体として行わなければならない業務の全部を一の者に委託する

---

10　日本では，PFI事業であっても，施設整備費は，施設が完成して公共に引き渡した時点で額が確定するのが一般的である。つまり，その後の運転・維持管理の事業期間でのモニタリング結果による減額措置（ペナルティ）の効果を及ぼすことができない。このように，民間にリスク移転がされない構造であるため，金利差によってどちらが資金調達をするのが合理的か，が決まる。

**【図表1-2-3】** 従来型業務委託と包括的民間委託の比較

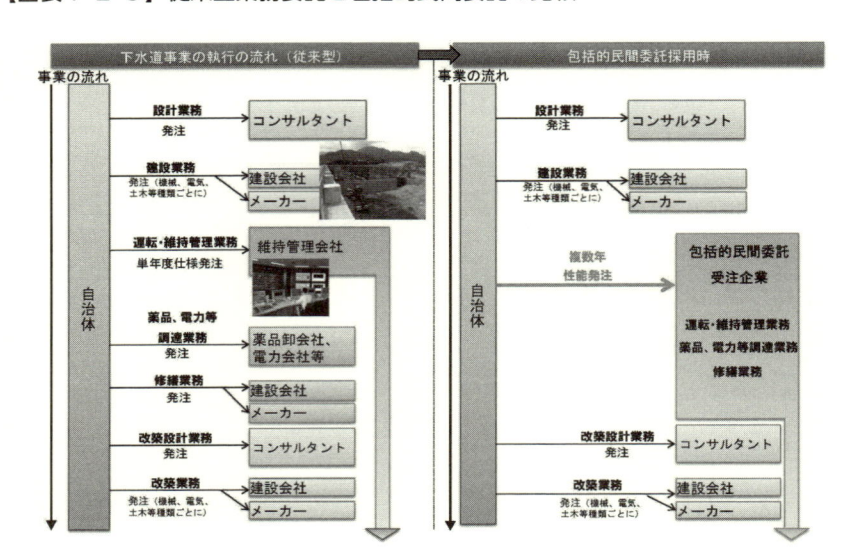

出所：国土交通省「下水道施設の運営におけるPPP/PFIの活用に関する検討会」（平成24年12月）より引用

　ものであること。」という形で，業務が一体的に行われる範囲である，ということが基準となっている。（水道法施行令第9条）

　指定管理者制度は，地方自治法第244条の2に定められており，「公の施設」の管理について，自治体が指定した指定管理者に代行させる制度である。公の施設は，地方自治法第244条において，「住民の福祉を増進する目的をもつてその利用に供するための施設」と定義されており，自治体が保有するレクリエーション・スポーツ施設，展示場などの産業振興施設，上下水道施設や公園などの基盤施設，文化会館や博物館などの文教施設，公立病院や公営老人ホームなどの社会福祉施設が公の施設の主な例とされている。そのため，水道事業，下水道事業でも，浄水場や下水処理場の運転・維持管理などを，指定管理者として指定した民間事業者に行わせることは可能となっている。

　ただし，指定管理者が自治体に代わって水道事業や下水道事業そのものを運営するわけではないため，例えば水道法上の責任の一部を指定管理者に負わせる場合には，第三者委託を併用する必要がある。

【図表1-2-4】PPP/PFIの手法と民間が担う範囲（下水道分野，レベル3.5除く）

＜各PPP/PFI手法における一般的な官民の役割分担のイメージ＞

| PPP/PFI手法 | | 定義 | 事業期間 一般的な | 保守点検・運転管理 | 薬品等調達 | 補修・修繕 | 建設・改築 | 設計・改築 | 資金調達 | 料金収受 | 計画策定 | 政策決定・合意形成 | 公権力行使 |
|---|---|---|---|---|---|---|---|---|---|---|---|---|---|
| 包括的民間委託 | 処理場・ポンプ場 | 性能発注方式であることに加え、かつ、複数年契約であることを基本とする方式。 | 3〜5年 | レベル1 ／ レベル2 ／ レベル3　民間 | | | | | | 公共 | | | |
| | 管路 | 「管路管理に係る複数業務をパッケージ化し、複数年契約」にて実施している方式。 | 3〜5年 | 民間 | | | | | | | | | |
| 指定管理者制度 | | 強制徴収等の公権力の行使を除く運転、維持管理、補修、清掃等の事実行為を含む公共施設の管理を民間事業者に委託する方式。 | 3〜5年 | 民間 | | | | | | 公共 | | | |
| DBO方式 | | 公共が資金調達し、施設の設計・建設、運営を民間が一体的に実施する方式。 | 20年 | 民間 | | | | | 公共 | | | | |
| PFI（従来型） | | 民間が資金調達し、施設の設計・建設、運営を民間が一体的に実施する方式のうち、PFI（コンセッション方式）を除くもの。 | 20年 | 民間 | | | | | | 公共 | | | |
| PFI（コンセッション方式） | | 利用料金の徴収を行う公共施設等について、施設の所有権を地方公共団体が有したまま、運営権を民間事業者に設定する方式。 | 20年 | 民間 | | | | | | | | 公共 | |

＜処理場・ポンプ場の包括的民間委託におけるレベル＞
**レベル1**：運転管理の性能発注　**レベル2**：運転管理とユーティリティー管理を併せた性能発注　**レベル3**：レベル2に加え、補修と併せた性能発注

※民間の事業範囲となる部分については、性能発注を基本とする。

出所：国土交通省「下水道分野におけるPPP/PFIの概要」より引用

## （3）　運転・維持管理に加えて更新業務を含む方式（図1-2-2③）

### ①　各方式の基本的な事項

　2011年のPFI法改正によって導入された公共施設等運営権方式（コンセッション方式）と2023年6月に国が導入推進を決めたレベル3.5は，施設の維持管理をするなかで施設や設備の更新計画の策定や更新実施を一体的に行っていくものである。特に，2023年6月のPPP/PFI推進アクションプラン（令和5年改定版）において，コンセッション方式とレベル3.5を総称してウォーターPPPと呼ばれることとなり，2031年までに水道事業で100件，下水道事業で100件，工業用水道事業で25件の計225件のウォーターPPP導入が目標として掲げられた。上下水道事業におけるPPP/PFIの大きな転換点となったといえる[11]。

　コンセッション方式は，上下水道施設の所有権は公共が所有したまま，PFI法に規定された公共施設等運営権を民間事業者（公共施設等運営権者，以下

---

11　第1部第4章および第6部第1章にて，ウォーターPPPやレベル3.5については詳述する。

「運営権者」という）に設定する。運営権者は，公共施設等運営権実施契約に基づいて一定の期間の運転・維持管理と施設の更新等を実施することとなる。

　コンセッション方式の主な特徴は，運営権者の収入の全部または一部は利用者が支払う利用料金となる点である[12]。包括的民間委託やPFI事業では，事業の対価は，委託費やサービス対価といった公共からの支払いであり，住民や企業が支払う水道料金や下水道使用料が直接民間企業に支払われることはない。運営権者は利用者が支払う利用料金の範囲内で運転・維持管理や更新投資をやりくりすることとなり，効率的に事業実施することが可能になれば，収入となる利用料金と経費の差分は利益となる。なお，コンセッション方式が先行している空港分野では航空会社を誘致したり，空港ターミナルビルでの商業施設の運営を工夫したりすることによって収入を大きく増加させることもできる。そうした分野に比べると増収施策の展開余地は上下水道分野では限りがあるものの，運営権者にとっては，料金収入を原資として事業を行うことは，効率化のインセンティブとなるものといえる。

　また，コンセッション方式は空港分野では長期のもので40年，上下水道分野でも20年程度の事業期間が設定されており，運営権者が長期的に人材を育成しながら，施設の最適な運転方法や設備の構成等を検討し，実現することにより，自由度が高い方式といえる。

---

12　なお，PFI法上，運営権者は，条例で定められた上限の範囲内で利用料金の水準も設定することが可能である。しかしながら，これまで上下水道分野で導入されたコンセッションにおいては，自治体の同意がない限り利用料金の水準を現行水準より上げることはできない形となっている。

【図表 1-2-5】 コンセッション方式の概要

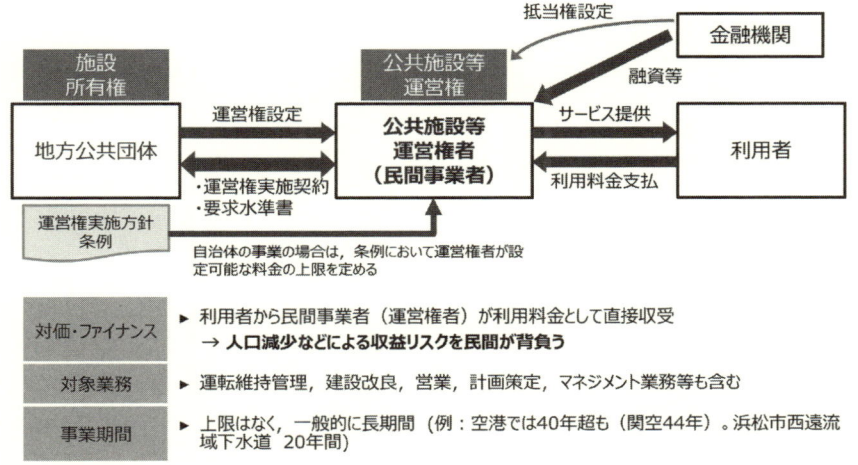

(注)ここでの比較は一般的論であり，個別の案件によっては記載と異なることもある

（著者作成）

## 3 | 上下水道事業におけるPPP/PFIの展開

　上下水道分野におけるPPP/PFIは，大きく３つの段階を経て発展・進化してきた。まずは2000年代に入ってPFI法が成立し，PFI（主にBTO方式）事業や，包括的民間委託，第三者委託が活用されるようになった。2010年代には2011年のPFI法改正後コンセッション方式が導入され，いくつかの事業が導入されるとともに，レベル3.5の先駆けといえる，維持管理と更新を一体化した包括的な委託事業の事例が生まれた。そして，2020年代に入り，2023年６月にウォーターPPPを国が推進するという局面となった。

## 【図表1-2-6】上下水道事業におけるPPP/PFI展開経緯

|  | 2000年代 | 2010年代 | 2020年代 | 現在の委託状況 |
|---|---|---|---|---|

**水道でのウォーターPPP(Lv3.5)の萌芽**

### 水道

- 第三者委託導入 (01年水道法改正)
- 第三者委託 手引き (07年)
- 箱根地区水道包括第1期開始（14年）
- 水道事業認可を保持したままコンセッション可能に (18年水道法改正)

複数年・複数年度委託 約1,400施設

- 寒川(神奈川県), 大久保(埼玉県), 江戸川(千葉県)等浄水場での排水処理PFI(03年〜)
- 横浜市川井等の浄水場での水処理PFI(09年〜)
- 官民連携手引き(14年)
- 荒尾水道包括第1期開始（16年）

DBO16件

- 第三者委託, 包括委託の広がり
- 管路DB導入のはじまり
- 群馬東部包括委託開始（17年）

PFI12件

- 宮城県での上工下コンセッション開始(22年)

コンセッション 1件

### PFI等

- PFI法成立 (99年)
- 指定管理者制度(03年 自治法改正)
- コンセッション制度導入 民間提案制度導入 (11年PFI法改正)
- コンセッション事業者への自治体職員派遣制度(当初5年) (15年PFI法改正)
- ウォーターPPP(コンセ＋Lv3.5)導入 (23年内閣府)

- 公益法人, 公共出資法人への公務員派遣(派遣法)(00年)

**コンセッションの流れ**

- 上下水道ともに, 施設DBやDBOが増加
- 民間提案加点措置 (22年内閣府)

**下水でのウォーターPPP(Lv3.5)の萌芽**

### 下水道

- 包括委託ガイドライン（01年）
- 下水道管路施設包括報告書（09年）
- 河内長野市などでの下水管路包括開始（14年ごろ）

処理場やポンプ場の包括委託 約1,700施設

- 包括委託マニュアル（08年, 下水協）
- 管路包括, コンセッションなど各種ガイドライン (13年〜)
- PFI等での複数年での国庫補助申請（一括設計審査）通知（16年）

管路包括49契約

- 包括委託の広がり

DBO34か所

- 浜松市でのコンセッション開始(18年)

PFI11か所

コンセッション 6か所

凡例) 制度 | 事例

※件数データは厚生労働省, 国土交通省資料より引用

（著者作成）

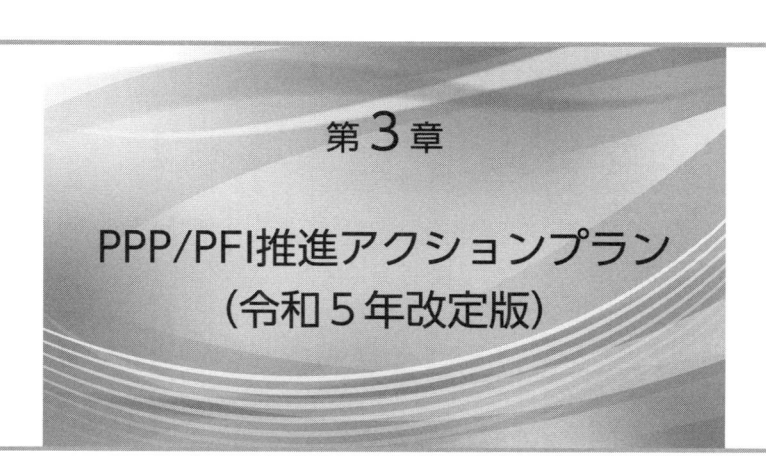

第3章

PPP/PFI推進アクションプラン
（令和5年改定版）

## 1 PPP/PFI関係施策の進展と多様化

　2023年6月2日，内閣総理大臣を会長とし，全閣僚を委員とする民間資金等活用事業推進会議（通称PFI推進会議）において，PPP/PFI推進アクションプラン（令和5年改定版）が決定された。

【図表1-3-1】PPP/PFI推進アクションプラン（令和5年改定版）の概要

| No | ポイント | 具体的事項（アクションプラン概要から引用） |
|---|---|---|
| 1 | 事業件数10年ターゲットの設定 | ● 重点分野において10年間で取り組む合計575件の事業件数ターゲットを設定<br>● 「ウォーターPPP」等多様な官民連携方式の導入 |
| 2 | 新分野の開拓 | ● ハイブリットダムにおける水力発電，空き家等の既存ストックを活用する「スモールコンセッション」，自衛隊施設等，PPP/PFIの活用領域を拡大 |
| 3 | PPP/PFI手法の進化・多様化 | ● 地域経済社会に多くのメリットをもたらす「ローカルPFI」の推進<br>● 施設・分野を横断した地域全体の経営視点を持った新たな官民連携手法の推進 |

出所：内閣府資料より作成

　今回のアクションプランでは，令和4年度からの10年間で30兆円のPPP/PFIの事業規模目標を達成すべく，PPP/PFIの質と量の両面からの充実を図るための取組みの方向性が示されている。

　アクションプランで示された取組みのうち，上下水道に大きく影響するのがウォーターPPPの導入である。その狙いや事業の仕組みは**第1部第4章**および**第6部第1章**で詳述することとし，ここでは件数目標の設定について解説する。

　PPP/PFI推進アクションプラン（令和5年改定版）では，前年度に設定されたコンセッション方式の導入を中心とする導入件数目標設定に加えて，新たに2031年度までに導入を目指す全体で575件の件数目標が設定された。水分野では，ウォーターPPPを主な対象として，水道事業と下水道事業で各100件，工業用水道事業で25件の計225件とされている。

**【図表1-3-2】PPP/PFI推進アクションプラン（令和5年改定版）の概要**

| 重点実行期間（2022〜26年度）<br>"5年件数目標"<br>重点分野合計 **70件**<br>（コンセッション中心） | アクションプラン期間 10年（2022〜31年度）<br>"事業件数10年ターゲット"<br>重点分野合計 **575件**<br>（コンセッションを含む多様な官民連携） |
| --- | --- |

| アクションプラン(R4年度版) で設定 | | | アクションプラン(R5年度版) で設定 | | |
| --- | --- | --- | --- | --- | --- |
| 重点分野 | 件数目標 | 対象形態 | 重点分野 | 件数目標 | 対象形態 |
| 水道 | 5 | コンセッション等 | 水道 | 100 | ウォーターPPP |
| 下水道 | 6 | コンセッション | 下水道 | 100 | ウォーターPPP |
| 工業用水道 | 3 | コンセッションはじめとする多様なPPP/PFI | 工業用水道 | 25 | ウォーターPPPをはじめとする多様なPPP/PFI |

件数目標は，5年間で少なくとも具体化すべき事業件数目標（対象：R4-R8）

件数目標は，10年間で具体化を狙う事業件数（10年ターゲット）（対象：R4-R13）

出所：PPP/PFI推進アクションプラン（令和5年改定版）より作成

　また，PFIを通じた地域経済社会の活性化のため，地域における多様な主体の参画と連携を進めることとしている。具体的には，①地域企業の参画・取引拡大・雇用機会創出，②地域産材の活用（資材，食材等），③地域人材の育成

を含む「ローカルPFI」のアイデアを推進することが示された。

　「ローカルPFI」という新たに出てきたアイデアは，PFI事業の目的を財政負担の縮減のみに制限せず，地域経済社会への貢献など多様な効果を評価することを促進することとされている。これまでPFIの事業化における評価指標として重要視されてきたVFMが，コスト縮減に着目していることと対照的ともいえる。

　また，施設・分野を横断した地域全体の経営視点を持った新たな官民連携手法の推進を図ることとしている。

　施設・分野を横断した地域全体の経営視点を持った「地域経営型官民連携」の推進を図るため，PFIをはじめとしたサービス提供手段の選択を官民共同で検討するための新たな官民連携ビークルについて検討が今後行われる。本書でも第6部で紹介する秋田県の官民出資による広域的補完組織（株式会社）のように，これまでの民間が100％出資するSPCとは異なる，官民の中間領域に位置するような新たな枠組みにスポットライトが当たり始めた。

**【図表1-3-3】ローカルPFIの概要**

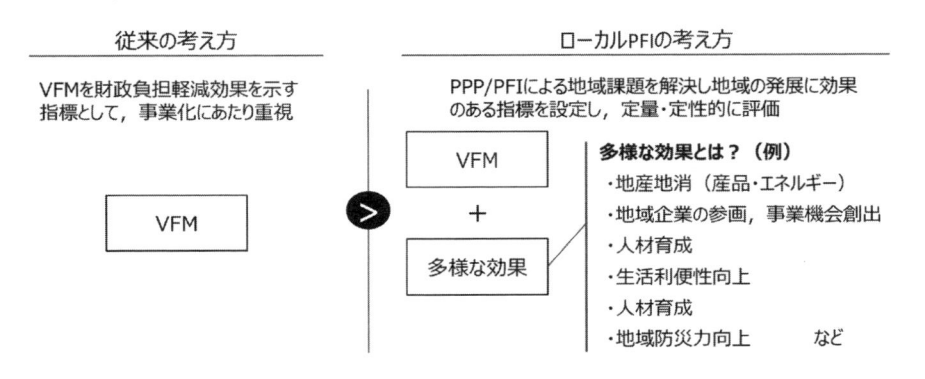

PPP/PFI事業の推進（案件形成，事業者選定，契約履行等の一連の過程）を通じ，地域経済・社会により多くのメリットをもたらすことを志向するコンセプト

出所：内閣府資料を基に著者作成

# 第4章
# ウォーターPPP

## 1 新たな官民連携手法：ウォーターPPPとは

　PPP/PFI推進アクションプラン（令和5年改定版）では，上水道，下水道，工業用水道の分野（3分野を総称して「水分野」という）において，新たな官民連携方式であるウォーターPPPを推進することが位置づけられた。

　ウォーターPPPとは，「コンセッション方式（レベル4）」と「管理・更新一体マネジメント方式（レベル3.5)」を総称するものであり，管理・更新一体マネジメント方式（レベル3.5)が新しく打ち出されたPPP/PFIである。

### （1）　ウォーターPPPが生まれた背景

#### ①　コンセッション方式の現状を踏まえたPPP/PFIの選択肢の拡大

　平成23年（2011年）のPFI法改正によりコンセッション方式が導入されて以降，PPP/PFI推進アクションプラン等に基づき，水分野ではコンセッション方式の導入が推進され，先進的な地方自治体においてこれまで合計6事業が運営開始している（図表1-4-1）。

【図表1-4-1】 水分野におけるコンセッション方式の実施状況

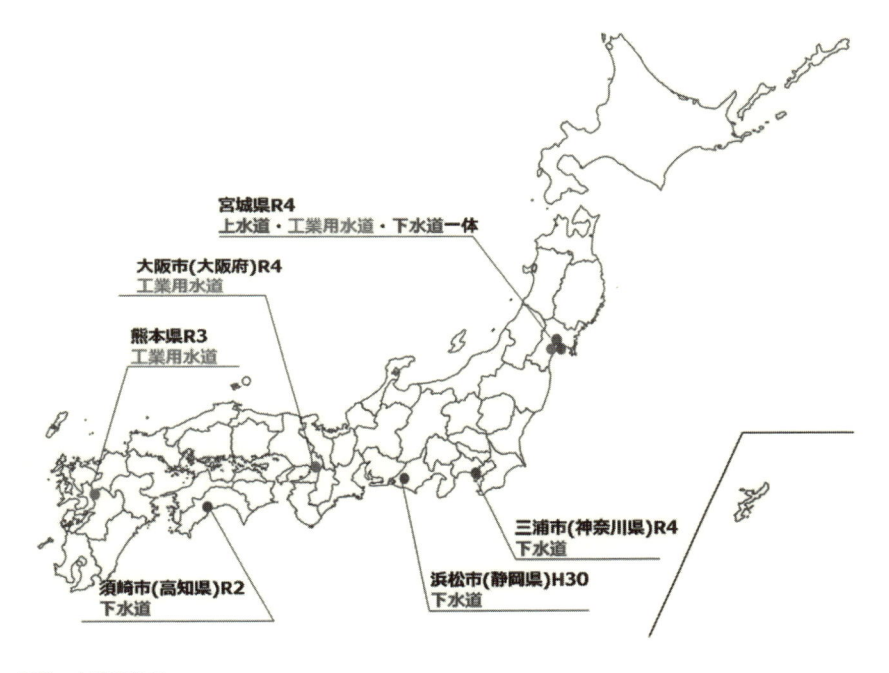

宮城県R4
上水道・工業用水道・下水道一体

大阪市(大阪府)R4
工業用水道

熊本県R3
工業用水道

三浦市(神奈川県)R4
下水道

須崎市(高知県)R2
下水道

浜松市(静岡県)H30
下水道

出所：内閣府資料

　これらの事業においては，地方自治体の適切なモニタリングの下，運営権者による管理と更新の一体的なマネジメントにより，施設健全度の向上やDXの推進が図られるなど，コンセッション方式の効果が発現している。一方で，民間事業者への運営権の設定や利用料金の収受は，従来の事業方法と大きく異なるものであり，コンセッション方式の制度創設から10年以上経過し6事業という状況を踏まえると，コンセッション方式の導入に対してハードルが高いと感じる地方自治体が未だ多いのも現実であろう。一方で，包括的民間委託が一定程度普及しているが，契約年数が一般的に3年程度と短く，更新も含まないため，コンセッション方式と比較すると民間事業者の裁量は限定的である。

　この包括的民間委託とコンセッション方式のギャップを埋めることで，PPP/PFIの選択肢を増やし，地域のニーズに応じたPPP/PFIの選択肢を広げるために，地方自治体が比較的導入しやすく，コンセッション方式に準ずる効

果が期待できる管理・更新一体マネジメント方式（レベル3.5）が打ち出された。

　コンセッション方式は今後も変わらず，PPP/PFIの有力な選択肢である。一方で，事業の「売却」や「民営化」であるといった誤解も含め，特別視されすぎたため心理的なハードルも上がっていたと感じている。長期間にわたり業務を包括的に民間事業者に委ねたいと考えつつもコンセッション方式に踏み出せなかった地方自治体にとっては，レベル3.5が取り組みやすい選択肢となる。ウォーターPPPの創設を機に，コンセッション方式を含むさまざまなPPP/PFIに取り組みやすい環境になっていくことが望まれる。

### ②　ウォーターPPPは「官も民も」の発想で

　ウォーターPPPは，「官から民へ」ではなく「官も民も」という発想で，官民互いの強みを活かしつつ足りない部分を補完し合い，官民の総力戦で公共サービスを維持・向上させることを目指すものである。民間事業者のノウハウや技術力を最大限活用しつつも，地方自治体が施設を所有し，事業の最終責任と説明責任を持つことに変わりはない。地方自治体は，技術革新やノウハウの蓄積により日進月歩で高度化していくであろう民間事業者の運営を適切にモニタリングし，必要であれば業務改善に向けた提案もしていく必要がある。PPP/PFIの推進により公共側の発注および管理業務の作業量は減るかもしれないが，事業全体を見渡し，最適化するための高度な見識が求められる。

　地域のさまざまなニーズに柔軟に対応できるウォーターPPPは，効果的なPPP/PFIの選択肢になるとともに，民間発意によるデジタル技術の導入促進や，複数事業の一体化によるシナジー効果の発現など，行政・公的サービスの高度化・効率化にも資するものと考えられる。地方自治体をはじめ，水道，下水道，工業用水道等に携わる関係者には，国の施策も活用しながら，積極的な導入が望まれる。

## （2）　管理・更新一体マネジメント方式（レベル3.5）とは

### ①　レベル3.5の4要件

　管理・更新一体マネジメント方式（レベル3.5）は，コンセッション方式の特徴である「運営権の設定」と「民間による利用料金の収受」は伴わず，基本要件として「長期契約」，「性能発注」，「管理・更新一体マネジメント」，「プロフィットシェア」の4つが設定されている。この要件は，将来的にはコンセッション方式に移行していくことも見据えつつ，コンセッション方式に準ずる効果が期待できるスキームとなるよう設定されたものである。以下に，各要件について概説する。

### ア　長期契約

　契約期間は原則10年であり，民間事業者の参画意欲，スケールメリット，投資効果の発現，雇用の安定，人材育成等を考慮し，これまでの包括委託等より長期間とされている。20年程度と長期間の契約の方が，これらの効果をより享受できるとの考えもあるが，将来的にコンセッション方式に移行する選択肢を確保しておく観点からも10年とされた。また，地方議会で20年間の債務負担行為の承認を得ることが簡単ではないことも考慮された。

　ただし，5年でコンセッション方式に移行することを想定している場合や，5年の更新支援型と10年の更新実施型を組み合わせる場合（更新支援型と更新実施型については，「ウ　維持管理と更新の一体マネジメント」で述べる），施設更新のタイミングに併せ多少短縮・延長する場合，議会判断で債務負担行為の期間に制約がある場合など，さまざまなパターンが想定されるため，地方自治体等の事情に応じて柔軟な対応も必要である。

## 【図表1-4-2】ウォーターPPPの概要

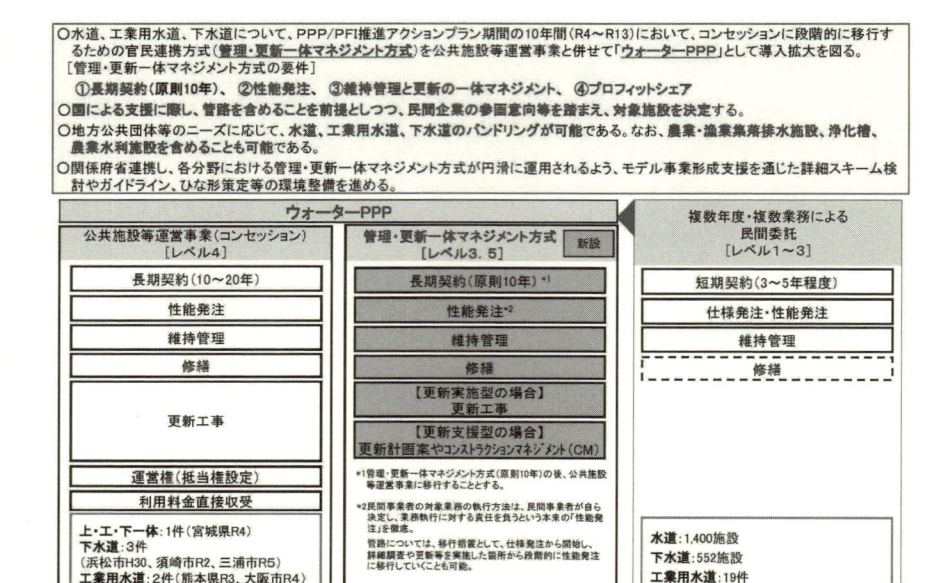

○水道、工業用水道、下水道について、PPP/PFI推進アクションプラン期間の10年間(R4〜R13)において、コンセッションに段階的に移行するための官民連携方式(**管理・更新一体マネジメント方式**)を公共施設等運営事業と併せて「**ウォーターPPP**」として導入拡大を図る。
［管理・更新一体マネジメント方式の要件］
①長期契約(原則10年)、②性能発注、③維持管理と更新の一体マネジメント、④プロフィットシェア
○国による支援に際し、管路を含めることを前提としつつ、民間企業の参画意向等を踏まえ、対象施設を決定する。
○地方公共団体等のニーズに応じて、水道、工業用水道、下水道のバンドリングが可能である。なお、農業・漁業集落排水施設、浄化槽、農業水利施設を含めることも可能である。
○関係府省連携し、各分野における管理・更新一体マネジメント方式が円滑に運用されるよう、モデル事業形成支援を通じた詳細スキーム検討やガイドライン、ひな形策定等の環境整備を進める。

|   | ウォーターPPP |   |   | 複数年度・複数業務による民間委託 [レベル1〜3] |
|---|---|---|---|---|
|   | 公共施設等運営事業(コンセッション) [レベル4] | 管理・更新一体マネジメント方式 [レベル3.5] 新設 |   | |
|   | 長期契約(10〜20年) | 長期契約(原則10年)*1 |   | 短期契約(3〜5年程度) |
|   | 性能発注 | 性能発注*2 |   | 仕様発注・性能発注 |
|   | 維持管理 | 維持管理 |   | 維持管理 |
|   | 修繕 | 修繕 |   | 修繕 |
|   | 更新工事 | 【更新実施型の場合】更新工事 |   | |
|   |   | 【更新支援型の場合】更新計画案やコンストラクションマネジメント(CM) |   | |

*1 管理・更新一体マネジメント方式(原則10年)の後、公共施設等運営事業に移行することとする。
*2 民間事業者の対象業務の執行方法は、民間事業者が自ら決定し、業務執行に対する責任を負うという本来の「性能発注」を徹底。
管路については、移行措置として、仕様発注から開始し、詳細調査や更新を実施した箇所から段階的に性能発注に移行していくことも可能。

運営権(抵当権設定)
利用料金直接収受
上・工・下一体:1件(宮城県R4)
下水道:3件
(浜松市H30、須崎市R2、三浦市R5)
工業用水道:2件(熊本県R3、大阪市R4)

水道:1,400施設
下水道:552施設
工業用水道:19件

出所:内閣府資料

### イ　性能発注

　性能発注とは，契約上規定された要求性能を満たすことを民間事業者に求め，実施方法や体制等については民間事業者の裁量に委ねるものである。これまでも包括的民間委託等では性能発注が基本とされてきたが，改めて，性能発注を徹底する趣旨である。

　管路については，水処理施設のように法に基づく定量的な性能指標がなく，現時点では性能発注の一般的な手法は確立していないが，例えば，点検の頻度等を規定したうえで，実施時期や順序，体制，方法等は民間事業者に委ねる等も性能発注と考えられる。また，当初5年間は仕様発注による調査で管路の状態を把握し，後半5年間は，調査結果を踏まえ性能発注業務として追加契約するなど，仕様発注と性能発注のハイブリッド型とするなどの対応が考えられる。

## ウ　維持管理と更新の一体マネジメント

　ウォーターPPPの最大の特徴は，民間事業者が施設の管理と更新を一体的にマネジメントするとした点である。日々の維持管理や運転操作を担い，施設の状態や特性を熟知した者が，施設の修繕や更新も担うことで，これまで分離されがちであった維持管理と更新を一体的にマネジメントし，施設管理の最適化を図るものである。マネジメントの方式として，更新実施型と更新支援型の2つの類型が設定されている。

### （更新実施型のポイント）

　更新実施型は，維持管理と更新の発注・実施を民間事業者に一体的に委ねる方式であり，更新工事の実施に係る地方自治体の執行体制を補完する効果が大きい。更新実施型においては，PFI事業契約が推奨される。これは，PFIは透明性ある事業者選定の手続きが法的に確立されており，長期にわたり維持管理と更新を包括的に委ねられる民間事業者を選定する手続きとして望ましいと考えられるためである。ただし，PFI事業契約以外の契約で実施できないというわけではない。

　更新実施型における民間事業者の形態として，ジョイントベンチャー（JV）や特別目的会社（SPC）を組成することが想定される。これまでのPFI事業では，SPCを組成する場合，個別の維持管理委託や更新工事やそれに伴うリスクはSPCの出資企業が引き受けるいわゆるパススルー型（導管体）の形態が多いといわれている。しかしながら，ウォーターPPPの重要なコンセプトが，維持管理と更新の最適化であることを踏まえれば，SPCがパススルー型ではなく，事業を実質的にマネジメントすることも必要となってくると考えられる。

　このようなマネジメントを行うSPCは，地域における新たな有力企業として，雇用機会の創出や法人税支払い等で貢献することになる。SPCの組成と運営には，コストもかかることから，ある程度の事業規模が必要になるという要素があるものの，いずれにしろ「SPCはパススルー型である」という既成概念にとらわれず，事業者の形態についても，それぞれの事業の目指すところに照らし，官民ともに検討する必要がある。

**【図表1-4-3】更新実施型と更新支援型のスキーム**

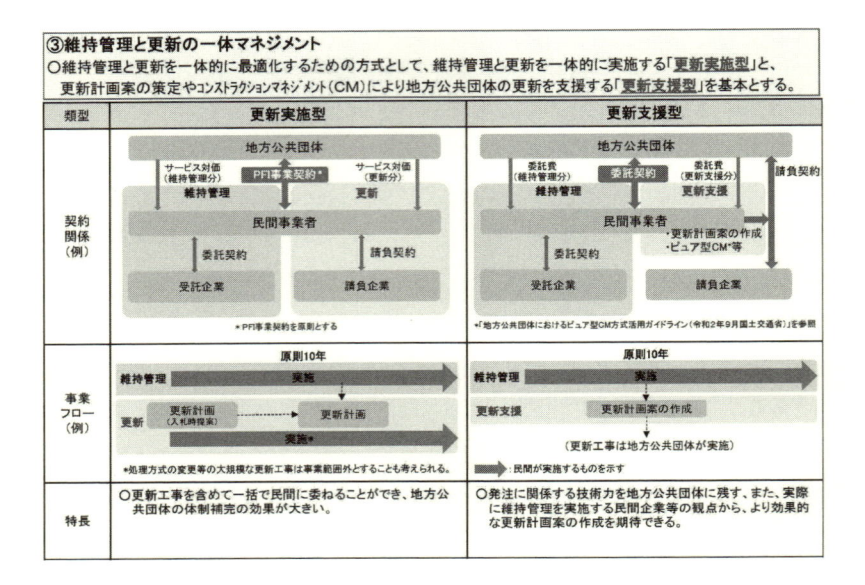

出所：内閣府資料

（更新支援型のポイント）

　更新支援型は，更新工事の発注は地方自治体に残しつつ，維持管理で得た情報や知見を活かして更新計画案の作成やコンストラクションマネジメントを行うことにより民間事業者が地方自治体の更新事業を支援するものである。

　更新支援型では，更新実施型とは異なり，更新自体は業務範囲に含まれないため，入札時点では必ずしも精緻な更新計画を要さず，迅速に事業開始することが可能である。ただし，地方自治体にとっては，民間事業者が契約期間中に策定する更新計画案に対する「目利き力」が必要となる。例えば，更新計画案のなかにスペックイン（特定者しか受注できない仕様）が含まれていないか等，競争性が確保されているか評価する技術力が求められる。第三者機関による補完も含め，技術力や体制等を確保が必要であることから，民間事業者の能力を最大限活用しつつ，地方自治体の技術力の維持・向上も重視する地方自治体に適したスキームといえる。

エ　プロフィットシェア

　プロフィットシェアは，10年と長期にわたる事業期間において，民間事業者が，技術や運営手法を陳腐化させず，新技術導入や創意工夫による効率化や付加価値向上に継続的に取り組むインセンティブを与えることを目的とするものである。

　民間事業者による新技術の導入や維持管理の工夫で生み出したコスト削減分（プロフィット）の全額について，公共側に還元すると民間事業者の創意工夫のインセンティブが失われ，技術の発展が阻害され，住民や次世代にとってのデメリットになる。少なくとも維持管理に関する費用については，民間事業者の創意工夫により生じた費用低減分については，一定割合（または全部）を民間事業者に還元されること等が考えられる。なお，電力単価などの民間事業者がコントロールできない外的要因に伴うプロフィットおよびロスについては，別途，契約に対応メカニズムを盛り込む必要がある。

## ②　対象施設

　現状広く実施されている包括的民間委託では，処理場と管路を分離して別個の契約とすることが一般的であり，既存のコンセッション方式の事業においても処理場のみを業務対象施設としている例が多い。処理場を得意とする民間事業者と管路を得意とする民間事業者が，比較的明確に分かれていることも要因の1つと考えられる。

　しかしながら，管路と処理場は一体でシステムとして機能するものであり，そのマネジメントを一体的に民間事業者に委ねることで，事業としてのスケールメリットや相乗効果も発揮されるとともに，水事業を担う民間事業者としての総合力を培っていくことにつながると考えられる。そのため，導入可能性調査やマーケットサウンディングの段階では，処理場と管路を一体としてウォーターPPPの導入を検討することが求められる。

# 第 2 部

# 水道事業における PPP/PFIの歩み

第1章

# 水道事業における多様な PPP/PFIとその歴史

PFI法施行後，水道事業のPPP/PFIはこれまで多様な発展を遂げてきた。ここでは，代表的な事業を振り返りながら，その歴史を紐解くとともに，今後の展開についても考えていきたい。

## 1 ｜ PFI事業等

日本の水道事業において，最初に事業が開始されたPFI事業は，東京都の「金町浄水場常用発電PFIモデル事業」（1999年10月事業開始）である。このPFIは，震災対策および環境対策の一環として，浄水場内にガスタービンコージェネレーションシステムを設置・運営し，水道局に電力および蒸気を供給（販売）する事業であり，その名のとおり浄水場内の発電設備の設置・運営を対象としたものであった[13]。その後，同じく東京都の「朝霞浄水場・三園浄水場常用発電設備等整備事業」が続き，2000年代初期頃からは埼玉県，千葉県，愛知県などで浄水場の排水処理施設を対象としてPFIの活用が進んだ。

そして，2010年代直前には，浄水場の全体更新にもPFIが活用されるように

---

13　清水建設株式会社HP（https://www.shimz.co.jp/pfi/kanamachi.html（アクセス日2023年11月16日））

なった。また，PFIの他に，地方自治体が自ら資金調達を行うDBO方式も同時に活用されるようになってきたのもこの時期からである。地方自治体が自ら起債による資金調達を行うメリットは，民間事業者による資金調達に比べて低金利であるため資金調達コストを低く抑えることができることである。英国のような公共の起債（借金）を回避することを主眼にしたPFI[14]とは異なり，日本ではDBO方式が選択されやすい傾向にあるのはこのためである（制度上一定の起債上限はある）。PFIかDBO方式かという選択肢の違いはあれど，高度経済成長期に整備された浄水場等の老朽化が進むなか，施設の全面更新を地方自治体職員のみで実施することは技術力の面からも課題があり，PFIやDBO方式の活用が浸透し始めたのがこの時期である。

　浄水場の全面更新をPFIで実施した神奈川県横浜市の「川井浄水場整備事業」では，SPCとの間に事業契約を締結し，SPCが民間資金調達を行う（設計・建設業務にかかるコストを金融機関から調達し，地方自治体からは施設引渡し後の事業期間を通して均等に割賦払いがなされる），本場英国で使われているオーソドックスな事業スキームが採用されたものである。

　これに対し民間事業者からは，水源の水位を活用した無動力の膜処理を行うための提案がなされた。設計から建設完了まで5年間（のち1年間は撤去工事）の工期となっており，17万㎥／日を処理する浄水場の工期内完成を目指し，市とSPCの間では月1回の全体定例会議に加え，各土木・建築・機械・電機単位での細かな打ち合わせが日々いたるところで開催された。

　またSPCから発注される土木建築業務を担うゼネコンや機械・電機メーカーとの間でも綿密な調整・工程管理が行われている。コンセプトそのものも民間事業者の創意工夫が活かされたものであるが，浄水場完成までの過程においても民間事業者のノウハウが最大限に活かされた結果として，期限通りに実現できたといえよう。これにより民間事業者の創意工夫を最大限活用した浄水処理能力17万㎥／日超という国内最大の無動力膜ろ過浄水場が完成した。

---

14　英国でもPFI（PF2）による民間資金調達による発注方式が公共における裏借金であるという批判もあり（それ以外の批判もある），2018年以降新たなPFI事業スキームの活用は廃止されている。

**【図表 2-1-1】横浜市川井浄水場PFIの事業スキーム**

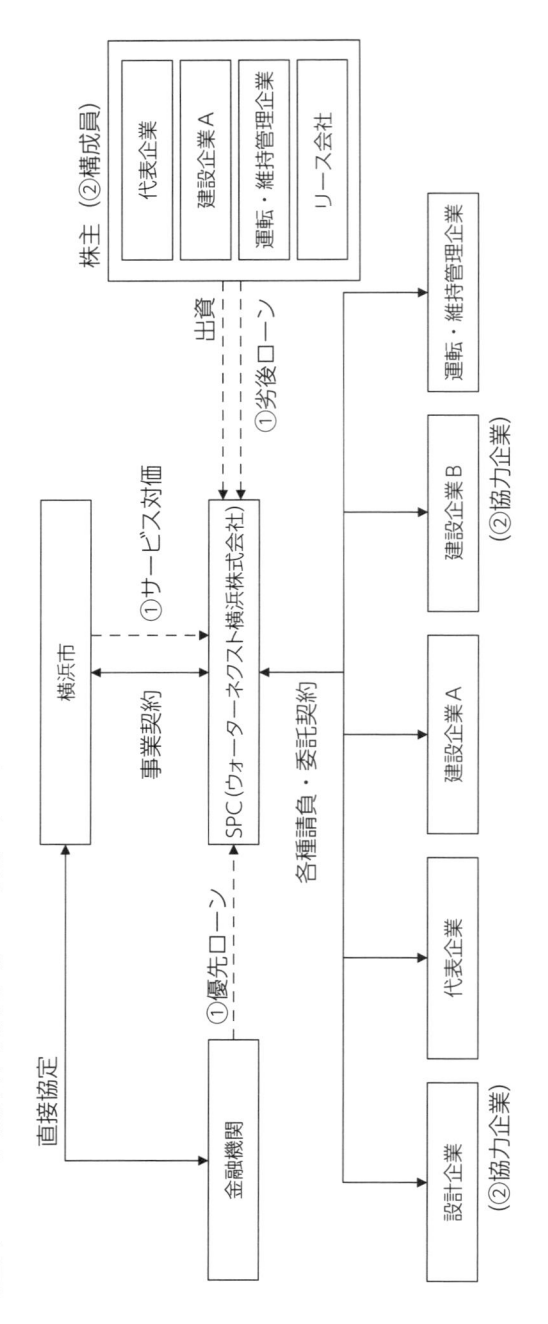

① SPCが浄水場を建設及び運転、維持管理するコストは、横浜市からの「サービス対価（建設費及び金融機関等への利息支払い相当額、維持管理費）から構成」、金融機関からの「優先ローン」、株主からの「出資」、株主間ローン「劣後ローン」から構成される。SPCはこの財源を基に、設計・建設期間中の費用や、金融機関等への対価の支払い、各業務受託企業への対価を支払い事業を運営していく。
 ※株主からのローンは、金融機関からのローンに対して元本の返済、利息の支払い等の観点で劣後するローンと呼ばれる。
② 横浜市の川井浄水場再整備事業入札説明書では、「SPCに出資を予定している者を「構成員」、SPCに出資を予定していない者で、劣後ローンの返済、利息の支払い等を受託を受ける者は「協力会社」とされている。また、限る過渡装置の製造を担う者及び維持管理業務の実施を担う者のうち第三者委託を受託を受ける者は構成員になることを要するものとするとされ、重要な役割を占める者については出資が求められている。

出所：横浜市HP（川井浄水場再整備事業（PFI））を基に作成

　国内初の浄水場全面更新のDBO方式は，愛媛県松山市のかきつばた浄水場であり，設計・建設と運転・維持管理を分離した業務実施主体がそれぞれ松山市と契約を締結する原型である。設計・建設費にあたる部分は，公共が資金調達を行い，一括で民間事業者の建設会社らに支払われる。また，運転・維持管理にあたる部分は，四半期に1度のモニタリングによる成果確認後にその期間の対価が支払われる。

　このDBO方式の事業スキームは，続く大牟田市・荒尾市の県境をまたぐ2市の共同浄水場の整備でも活用された。単なるDBO事業でさえ，当時はまだまだ新しい契約手法であり，さらに2市による共同発注の形態をとったことは，DBO方式の可能性をさらに広げている。

　今では当たり前のように感じられるこれらの事業スキームも，当時の担当者らにとっては先進的であり，契約書に規定された文言1つの解釈についてもさまざまな議論がなされたところである。例えば，物価変動はいつの時点を起点にして計算するのか，どのような指標が好ましいか，瑕疵担保の範囲や取扱いなど，実に幅広い議論が当事者の間で行われている。

　一方で，事業を進めていくうえでは，いくつかの弊害もあった。特に地方自治体側で起こる問題であるが，地方自治体職員は2～3年でローテーションされるため，行政側と民間事業者側で知見の差が広がっていくことである。事業構想段階では，民間事業者へのさまざまな期待や，それを実現するための条件・制約事項を盛り込んだ要求水準書・事業契約書があり，さらに共通理解を図るための公募・入札期間中の質問・回答が存在する。事業構想段階の担当者の想いまでは，ローテーション後の担当者には引き継がれず，地方自治体職員が民間事業者から当時の話を聞いて初めてその意図を理解するといった場面に筆者も遭遇したことがある。新しい担当者によっては，その時点での独自の解釈をされるケースもあり，長期事業における言葉の定義・使い方の重要性を改めて認識したところである。

## 2 ｜ レベル3.5の原形となる包括委託

　水道事業における包括委託は，これまで確立した事業スキームはなく，個別に発注されていた業務を一体的に発注する際に使われることが一般的であった。このため，後述の料金徴収業務などでも，料金徴収業務と窓口業務などを一体的に発注される際に包括委託という言葉が使われる場合もある。

　ここで取り上げる包括委託は，第1部で紹介されたレベル3.5の要件でも盛り込まれている，3条（収益的支出に係る部分）と4条（資本的支出に係る部分）[15]を一体的に性能発注により委託する事業を対象とし，日本での水道事業における包括委託の現在地について説明したい。

　日本で最初に生まれた包括委託は，神奈川県企業局が実施した箱根地区水道事業を対象とした包括委託である。後の熊本県荒尾市の包括委託や群馬東部水道事業団の包括委託のいずれも，箱根地区水道事業包括委託をモデル事例として事業が作られている。

　2011年1月に，「かながわ方式」というセンセーショナルな名称で生まれた当該事業は，海外展開を目指す国内企業を支援することを標ぼうし，「水道事業における新たなビジネスチャンスを創出し，地域経済の活性化を図るとともに，民間企業が自ら海外水ビジネスに参入できるよう，水道事業運営の機会を提供する」ことが目的の1つに設定された。また，もう1つの目的として，「水道事業における公民連携のモデルを構築し，技術の継承や，財政の健全化といった国内水道事業の課題解決に寄与するとともに，海外における公衆衛生の向上に貢献する」ともうたわれている[16]。箱根地区包括委託事業がすでに存在し，それが複数の自治体においても活用され実績が積みあがっていることは，当時から約10年経った今，水道事業においてウォーターPPPを推進することが

---

[15]　地方公営企業法施行規則別記第1号の「予算様式第3条（収益的収入及び支出）」と「予算様式第4条（資本的収入及び支出）」に定められていることから，収益的収支（主に料金収入や運転・維持管理に係る収支）は3条予算，資本的収支（主に設計・建設及び地方債に係る収支）は4条予算と呼ばれている。

[16]　「かながわ方式による水ビジネス 〜箱根地区水道事業包括委託〜」（神奈川県企業庁）
https://www.mlit.go.jp/common/830003749.pdf

できる下地を作ったという意味で，その目的の1つを達成したということができるのではないだろうか。

　かながわ方式の特徴は，水道事業における維持管理に加えて更新工事も対象としたことである。下水道と異なり，会計検査を受けることが少ない水道事業だからということもあろうが，更新工事を包括委託に入れることは国内で初めてのことであった。

**【図表2-1-2】かながわ方式の業務範囲**

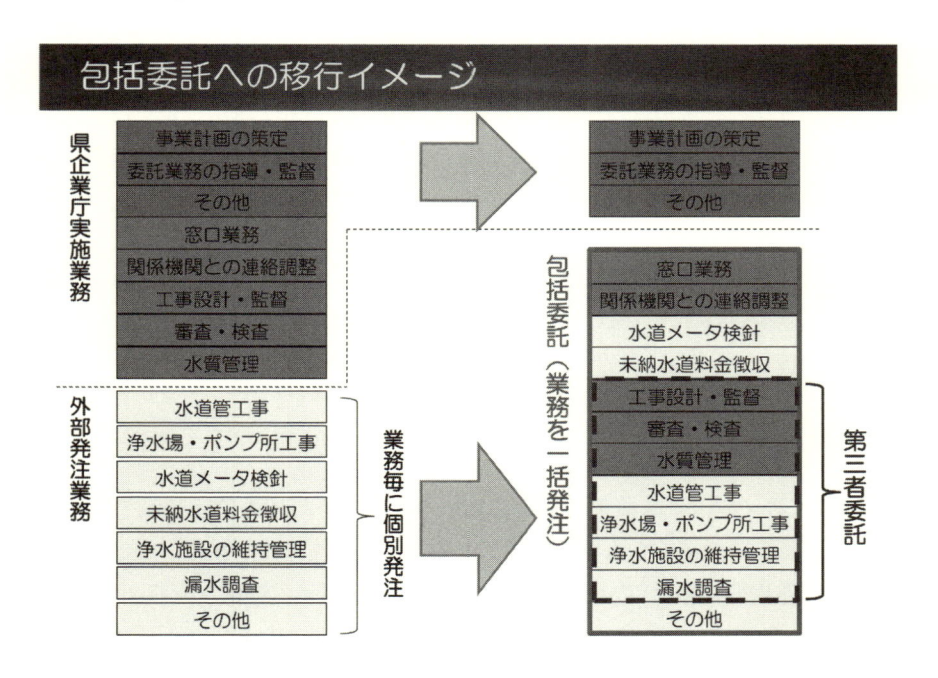

出所：神奈川県企業庁

　この包括委託のモデルは，熊本県荒尾市でも活用されることとなる。荒尾市では，民間企業からのPFI法第6条に定める民間提案制度の活用により事業化が決定したことでも有名で，箱根地区水道事業包括委託では対象となっていなかった経営支援（水道ビジョン・経営戦略，アセットマネジメント計画の作成

支援）や職員の技術継承支援などの業務も盛り込まれていることも特徴である。また，地元企業である管工事組合を必ず民間提案グループの構成員に加えることとし，地元企業との調和も図っている。この点については，**第5部**でも詳述する。

　そして，群馬東部水道企業団では，ベースをかながわ方式としつつも，その事業実施主体を第三セクター（企業団と民間が出資する株式会社）とするという工夫がなされている。群馬県太田市等の群馬東部地区の市町村が企業団を設立し，経営体制の強化を図ったことと合わせて，技術的な業務をこの第三セクターが担うという形である。広域化・第三セクターを組み合わせた包括委託としてもよい参考事例となるであろう。

　このように，日本の水道事業における包括委託は，かながわ方式を起点に多様な発展を見せており，今後もウォーターPPPの導入に合わせて，各地域でさまざまな工夫・発展が期待されるところである。

## 3 管路DB

### （1）　管路DBとは

　DB方式は，設計と建設を一括で発注することで，事業期間の短縮やコスト削減を期待する手法であるが，近年，水道事業においては，管路の老朽化対策を早期に進めていくため，管路整備にDB方式を活用する事例（管路DB）が増加してきている。なお，管路DBは，管路の設計業務，建設業務を一括とする事業となるが，明確な定義は確立していない。

　管路DBでは，従来の設計・施工分離発注方式と異なり，民間事業者は基本的にJVでの応募となるが，設計・建設を1つの請負契約で締結する設計・施工一括契約と，設計会社との委託契約と建設会社との請負契約をそれぞれ締結する設計・施工分割契約がある。また，受注者の業種は設計会社と建設会社に大別されるが，建設を担う企業については建設業許可を持つ必要がある。また，設計業務について，設計会社を指定する事例もある。

　さらに，近年では小規模な管路工事を対象として，概算数量設計の考えに基づいた簡易な管路DB（小規模管路工事向け簡易型設計施工一括発注方式）を採用する事例も出てきている。地元企業を主体とし，上下水道事業者との連携を深めることで管路工事の効率化を目指しており，地方自治体の水道部局の職員が行っていた一部設計業務を簡略化して発注する方式である。

　契約後に民間事業者が詳細設計図を作成し，それに基づいた建設に移ることで，設計の合理化を図ることが可能であるほか，事業の早期発注と発注時期の平準化を実現するとともに，民間事業者の経験を活かし，施工品質の向上を図っている。

【図表2-1-3】小規模管路DBの業務イメージ

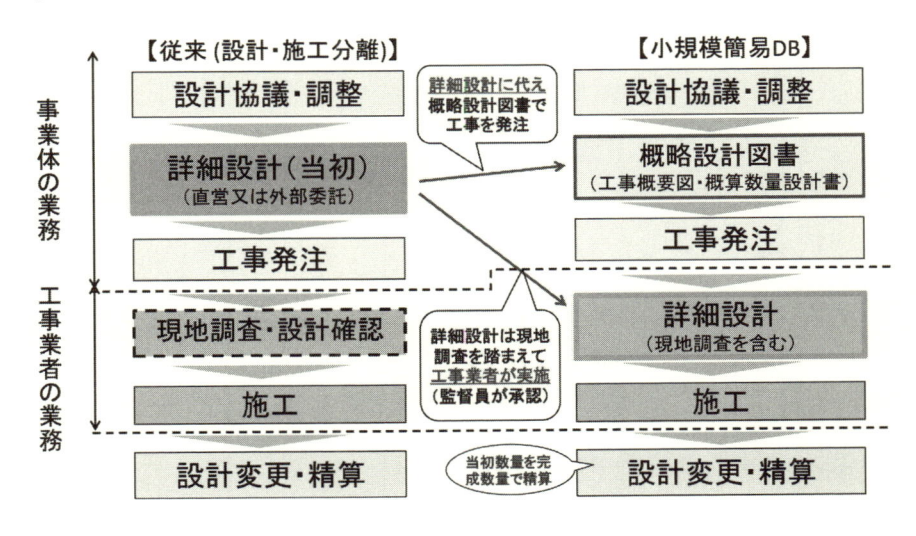

出所：一般社団法人 日本ダクタイル鉄管協会「「管路更新を促進する工事イノベーション研究会」を通じた管路更新を促進するための取り組み」（2022年12月14日）

## （2）　管路DBの事例：燕市・弥彦村送配水管整備事業

　燕市・弥彦村送配水管整備事業は，浄水場施設再構築事業に係る送配水管整備工事を行うものであり，整備対象として最大口径700mmの送配水管約22km

を実施するものであった。事業規模が大きく、難度が高い事業であったが、当該地方自治体の水道部局では中大口径管路の整備経験のある職員が不在で、負荷も大きいことから、管路DBによる解決を目指したものである。

　同事業では、設計に建設側のノウハウを活用でき、かつ工期短縮が期待できる甲型JVを採用し、さらにモニタリング支援企業を設置することで上下水道事業者の負担軽減を図った。

**【図表2-1-4】燕市・弥彦村送配水管整備事業における契約体系**

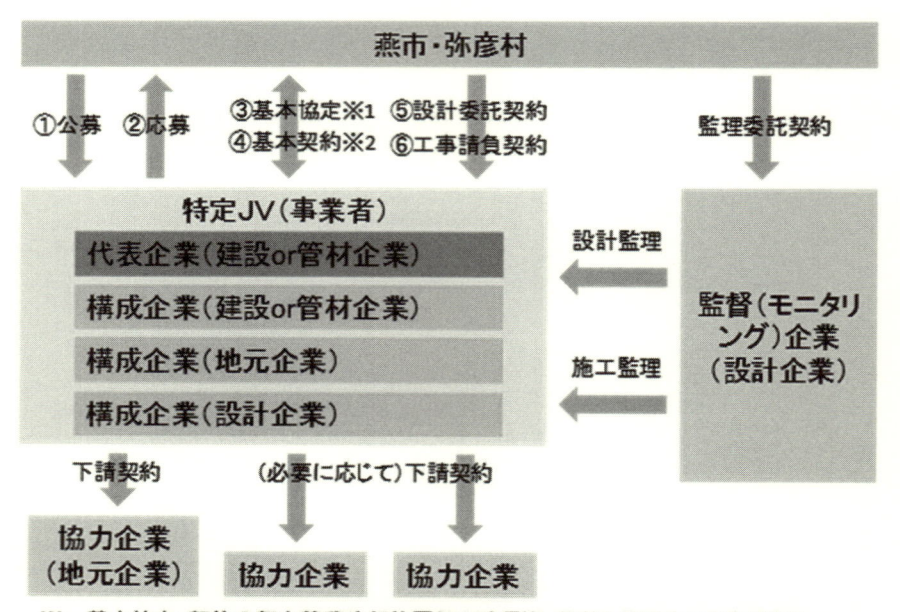

出所：燕・弥彦総合事務組合 水道局「管路DB（デザインビルド）の取組みについて－令和元年度第4回官民連携推進協議会」（2020年2月14日）

　管路DBの採用により、事業期間の縮減および事業費の削減を実現している。事業期間の観点では、従来方式で76カ月の見込みに対し、管路DBでは64カ月と約16％の工期短縮効果を見込んでいる。また、概算事業費としては、従来方

式で見積もられた54.0億円から管路DBでは52.6億円に削減され，1.4億円（3％）の縮減を見込んでいる。

## 4 ｜ 料金徴収

　水道および下水道事業における料金徴収は，地方自治体のなかでは下水道事業から水道事業へ委託する形で，一体的に実施されている。

　また，料金徴収に係る業務はいくつかの細分化された業務から構成されている。料金徴収を構成する業務として，使用水量を確認するための検針業務（使用開始・休止の管理，水道メーターの検針，検針記録の管理，使用者台帳の管理等），検針業務に応じて利用料金を徴収する徴収業務（水道料金の徴収，口座振替の管理，徴収データの管理等）のほか，滞納整理業務（督促状送付，個別徴収，滞納者整理等）に加え，問合せ対応や各種手続対応を行う窓口業務，水道料金・財務会計システムを管理する電算業務等がある。

　さらに，これらの業務をPPP/PFI事業で実施することが検討される際にはその他の関係する業務が一体となり発注（包括委託）される場合が多い。水道事業では水道メーターの取換・在庫管理業務，給水装置工事申請受付業務，指定給水装置工事事業者の申請受付業務等があり，下水道事業では，排水設備等計画（変更）確認申請受付業務，排水設備指定工事店・責任技術者に関する業務などがあり，これらに関する窓口対応業務も付随する。

　上記の料金徴収および窓口対応に係る業務については，従来は地方自治体の水道部局の職員が担っていたものであるが，以前から民間事業者への個別委託が進んできている。古くは昭和40年代から外部委託を開始している上下水道事業者[17]もあるが，個別委託が主体であった。その後，2000年代から料金徴収に係る各業務の包括化が進んでいる。料金徴収の包括委託は，明確な定義はないものの，前述の検針業務や徴収業務をはじめ，給排水装置工事受付業務等まで，さまざまな業務を包括委託としてまとめたものである。包括委託の導入により，

---

17　豊橋市上下水道局HP「https://www.city.toyohashi.lg.jp/3984.htm」（2023年11月17日アクセス）

サービス水準の向上や，職員の削減・負荷軽減が期待できる。

　料金徴収に係る包括委託の状況としては，上下水道事業者の事情により包括委託に含める業務は多種多様となっている。前述の業務をすべて含むケースもあれば，窓口業務を除くケース，水道事業に係る窓口業務に限るケース，水道メーターの取換業務を除くケース等，さまざまであり，水道・下水道施設の維持管理や管路の漏水調査・緊急修繕業務と束ねる事例もある[18]。

　また，近年では，複数の上下水道事業者が共同で料金徴収の包括委託を実施している事例もある。豊橋市と湖西市は，2022年度から水道料金収納業務等を共同化し，同一の民間事業者に委託している（2025年度からは新たに豊川市が参加予定）。水道料金収納業務等（検針，受付・収納，滞納整理，電子計算処理など）の業務方法や検針機器などの共同化を行い，共同で民間事業者に発注することで，業務の効率化やお客様サービスの向上を図っている。2025年度からは三市の受付・収納業務を1カ所に集約，ハンディターミナル（検針機器）の共同利用，サーバーの共同利用が計画されている。

---

**18**　福井県坂井市上下水道部総務経理課「坂井市水道における包括的民間委託〜全国最大級の業務委託数〜」（2015年11月18日）

# 第2章

# 数字から見る水道事業における
# PPP/PFIの動向

　本章では，水道事業におけるPPP/PFIの実施状況について，各種類型別の案件数やその推移にどのような傾向があるのか，各種類型を採用している上下水道事業者や参画している民間事業者にどのような傾向があるのかを分析していく。また，入札における評価の視点を整理することで，今後の水道事業におけるPPP/PFIのあり方を確認していく。

## 1 　地方自治体の規模等によるPPP/PFIの導入傾向

### （1）　PPP/PFIの累計別案件数と傾向

　水道事業におけるPPP/PFIの類型別案件数を調査し，図表2-2-1に整理した。図表2-2-1より，包括委託が1,079件と最も多く，次いで第三者委託が338件を占めた。それ以下にはDB方式やDBO方式，従来型PFI方式等が並んでいるが，各類型の案件数は十数件〜数十件となっている。なお，コンセッション方式は宮城県上工下水一体官民連携運営事業の1件のみとなっている。維持管理を中心としたPPP/PFIが大多数を占めており，施設整備に関するPPP/PFIの導入が限定的であることが見受けられる。

【図表2-2-1】水道事業におけるPPP/PFIの類型別案件数[19]

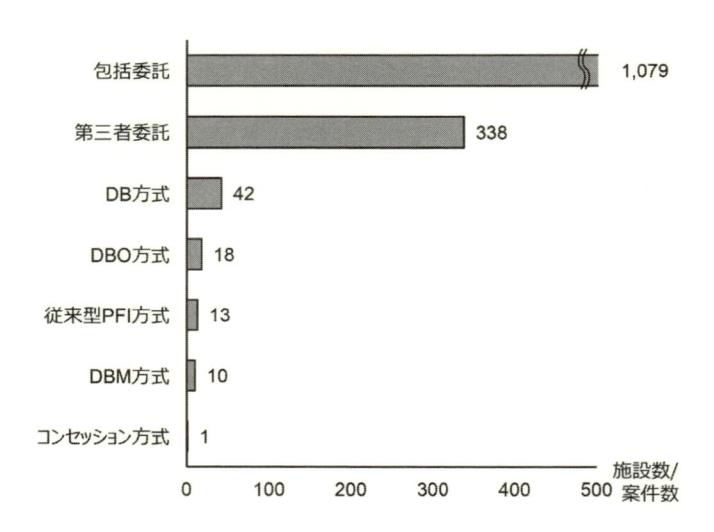

出所：日本水道協会「広域化及び公民連携情報プラットフォーム」（2023年11月17日アクセス）および厚生労働省「水道事業における官民連携の推進」（令和5年10月25日）より著者作成

---

19　包括委託，第三者委託については施設数を示し，DB方式，DBO方式，DBM方式，コンセッション方式は案件数を示す。

　PPP/PFI手法のうち，施設整備を含むDB方式，DBM方式，DBO方式，従来型PFI方式（BTO方式，BOT方式等をいう。以下同様）およびコンセッション方式に着目し，導入年度ごとの類型分類を図表2-2-2に整理した。このうち従来型PFI方式は，PFI法が公布・施行された1999年から導入が始まり，その後案件数は増加傾向で，直近の2022年度には19件が導入されている。

　導入時期による採用手法は年代によって異なっており，2000年代は，従来型PFI方式を中心に年間1件程度が導入されていたが，2000年代後半にはDB方式やDBO方式の導入が進んできた。2010年代前半からは導入件数も大きく伸び，多様なPPP/PFI手法が採用されている。2010年代後半にかけては，DBO方式，管路を中心としたDB方式等も普及してきている。年代ごとの課題意識に応じ，採用される類型にも反映されていると考えられる。

**【図表2-2-2】水道事業における導入年度ごとの案件数**

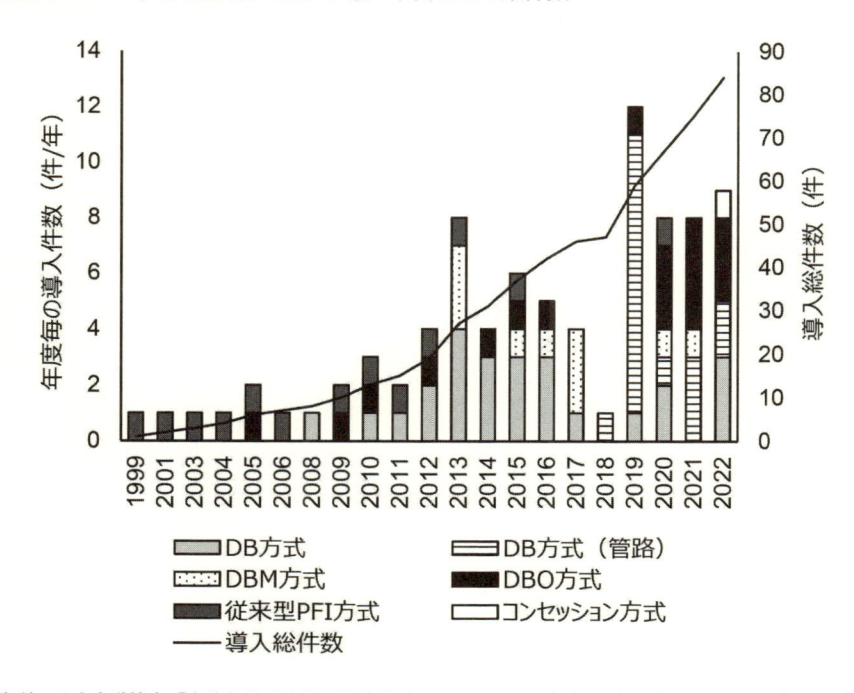

出所：日本水道協会「広域化及び公民連携情報プラットフォーム」（2023年11月17日アクセス）より作成

## （2）　地方自治体の人口規模別の導入傾向

　施設整備を含むDB方式，DBM方式，DBO方式，従来型PFI方式およびコンセッション方式を採用した上下水道事業者を，規模別で分類した結果を図表2-2-3に示す。水道事業においてPPP/PFIを採用した上下水道事業者のうち約2／3が，人口20万人以下の上下水道事業者であった。

　一方，規模ごとの総事業者数あたりで案件数を割り戻し比較すると，規模が大きい上下水道事業者ほど案件数が多く，逆に小規模な上下水道事業者ほど少ない傾向となった。小規模な上下水道事業者ほど，施設整備を含むPPP/PFIの導入が進んでいないが，組織・人員体制上，新たな手法の検討を進めていく余力が残されていないことが危惧される。

　他方，PPP/PFIの類型ごとに採用した上下水道事業者の規模を図表2-2-4に整理した。DB方式，DBO方式については，20万人以下の上下水道事業者が

**【図表2-2-3】水道事業者の規模別のPPP/PFI案件数**

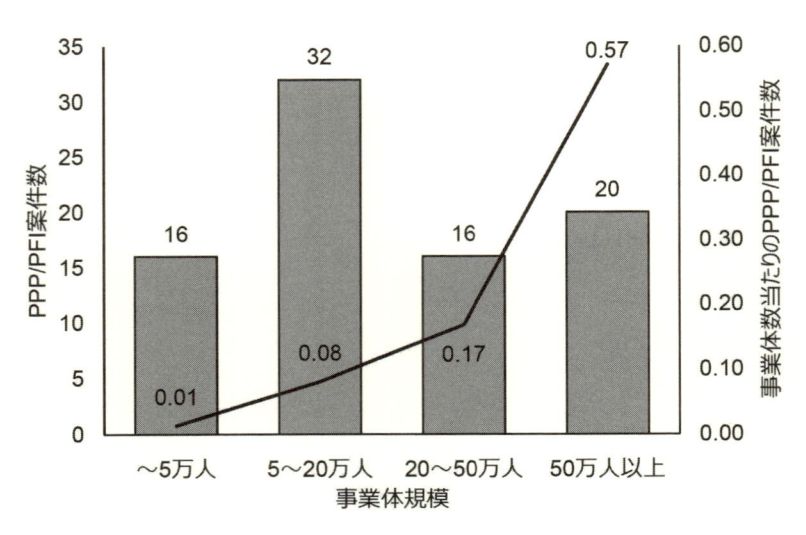

出所：日本水道協会「広域化及び公民連携情報プラットフォーム」（2023年11月17日アクセス）より作成

過半を占めている。一方，従来型PFI方式については13件中11件が50万人以上の上下水道事業者が占めている。従来型PFI方式では，排水処理施設の整備・運営を行うものや，膜処理施設の整備・運営を担うものであったことから，大規模な浄水場を有する上下水道事業者が採用した結果と推察される。また，DB方式については，近年小規模な上下水道事業者での負荷軽減を目的に，管路DBの導入が進んできており，それらの影響もあるものと推察される。

【図表2-2-4】PPP/PFI手法別の上下水道事業者の規模分類

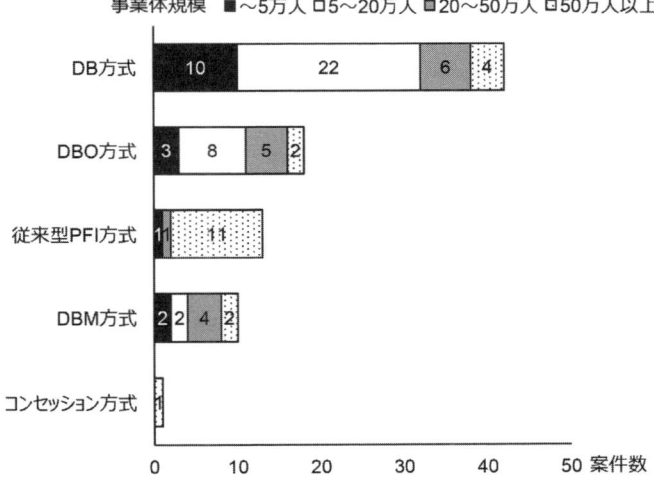

出所：日本水道協会「広域化及び公民連携情報プラットフォーム」（2023年11月17日アクセス）より作成

## （3） 地域別の導入傾向

PPP/PFIの類型ごとに導入した上下水道事業者をマッピングした結果を図表2-2-5に示す。DB方式，DBM方式，DBO方式，従来型PFI方式ともにいずれも地域性は見受けられず，全国的に進められていると考えられる。なお，前述の通り，従来型PFI方式については2000年代に大都市を中心に導入が進められたため，人口の集中する首都圏や各地方の中枢都市に分布している。

## 【図表2-2-5】水道事業においてPPP/PFI手法を採用した地域

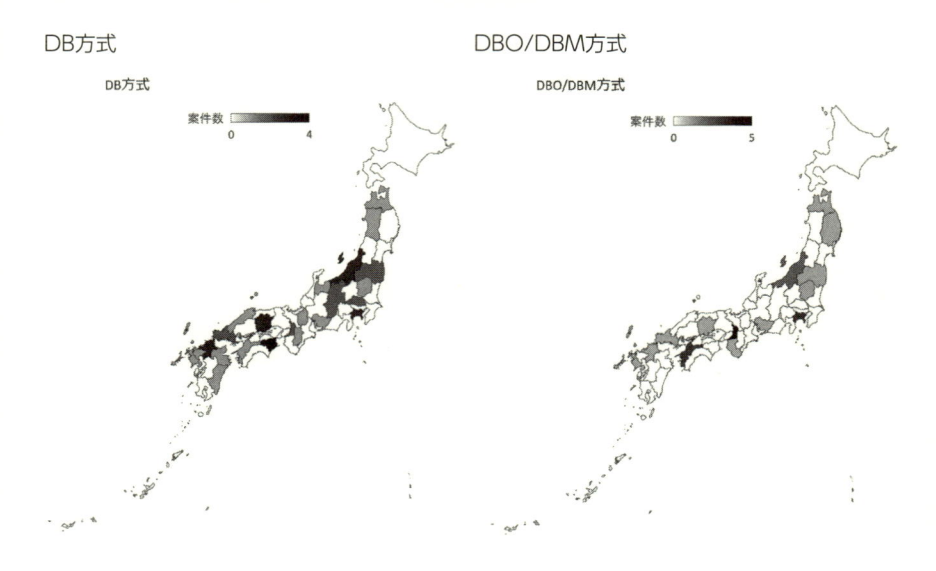

出所：日本水道協会「広域化及び公民連携情報プラットフォーム」（2023年11月17日アクセス）より作成

## 2 ｜ PPP/PFIへ参画している民間事業者の分類と傾向

　事業範囲に施設整備と維持管理を含む類型であるDBM方式，DBO方式，従来型PFI方式，コンセッション方式について，受託した民間事業者の分類を図表2-2-6に業種別に整理した。上記方式は施設系の事業が対象となることもあり，メーカーに分類される企業がのべ67企業と最も多く，次いで地元企業に分類される企業[20]の参画が多い結果となった。地元企業にはゼネコンをはじめ，設備系の工事業者等多様な構成であった。そのほか，運転・維持管理（O&M）専業企業や，建設コンサルタント企業，ゼネコン企業等が参画していた。

　また，施設整備と運転・維持管理を含む類型においては，代表企業はすべてメーカーが務めており，地元企業やO&M専業企業が代表企業となることはなかった。これは，事業規模の観点からも維持管理に比べ施設整備に多大な費用

**【図表2-2-6】水道事業のPFI，DBO・DBM方式における受託企業分類**

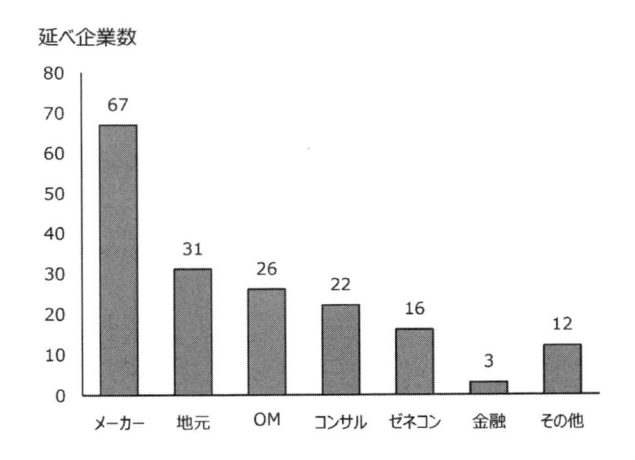

（著者作成）

---

20　上下水道事業者の所在地に本社を持つ企業を地元企業と分類した。なお，地元企業に分類した企業はその他の分類には計上していない。

を要することや，設備を納品する機械・電機メーカーが維持管理も自社グループで担うために，メーカーの存在感が大きくなっているためと考えられる。

　受託した民間事業者の業種をPPP/PFIの類型別に整理した結果を図表2-2-7に示す。従来型PFI方式ではメーカーが約半数を占めていることに対し，DBM，DBO方式ではコンサルや，地元企業の割合が大きくなっている。これは，従来型PFI方式では東京都や愛知県などの都道府県発注が多数を占め，かつ発電や排水処理などに限定されていたため，地元企業の参画が少なくなったためであると考えられる。

【図表2-2-7】PFI，DBO・DBM方式における受託企業の業種の割合

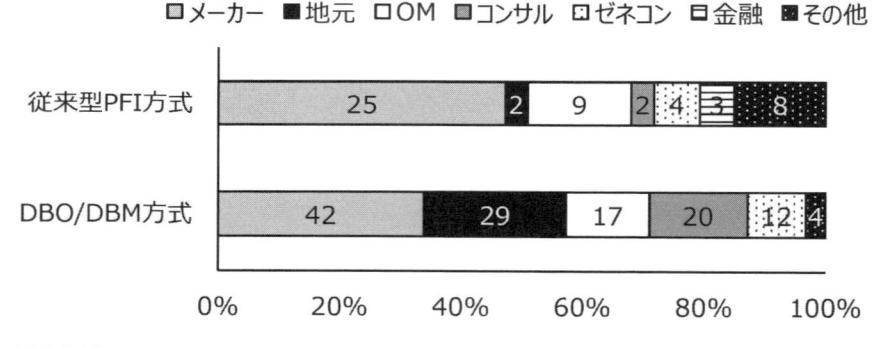

（著者作成）

【図表2-2-8】水道事業のPFI方式における受託企業分類

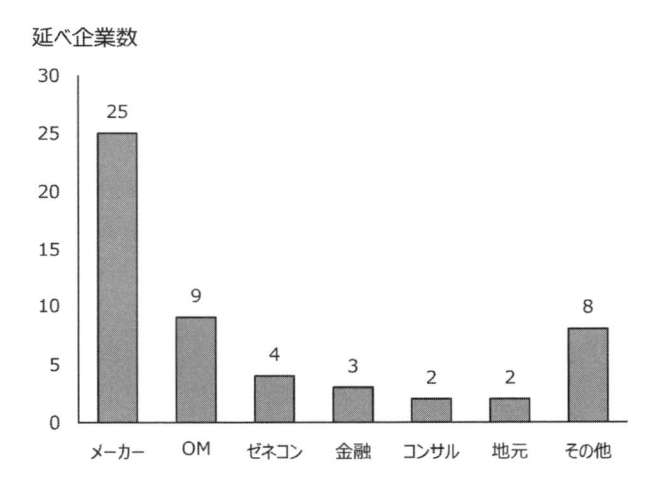

（著者作成）

【図表2-2-9】水道事業のDBO・DBM方式における受託企業分類

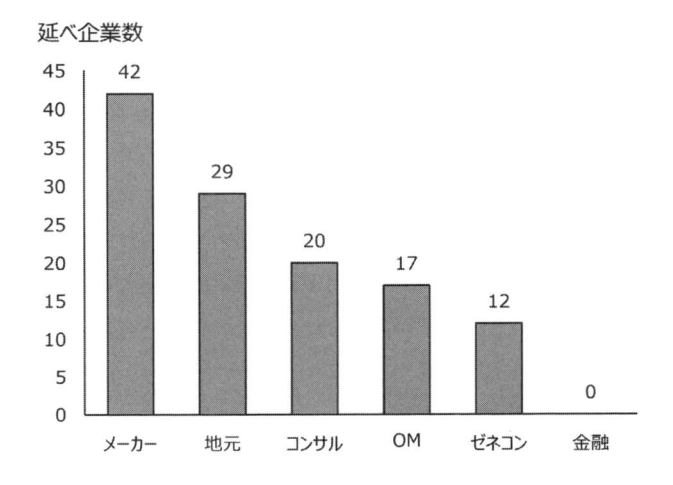

（著者作成）

## 3　事業者選定における配点傾向

　PPP/PFIにおける民間事業者選定時に，どのような視点で評価がなされているのか，類型別に代表案件の評価基準を取り上げて紹介する。評価方法と選定結果を見比べて，どのように評価基準を設定すれば，どのような民間提案が期待されるのかや，反対に水道事業者における傾向分析に役立てていただきたい。

### ①　コンセッション方式：宮城県上工下水一体官民連携運営事業

　水道事業のコンセッション方式における事例として，宮城県上工下水一体官民連携運営事業を取り上げる。同事業の評価基準は工業用水道事業，水道事業を含めた評価基準となるが，技術点を合計100%として換算すると，全体事業方針，実施体制15%，維持管理関係22%，改築21%，危機管理等17%，地域貢献5%の構成となっている。技術点と価格点の割合は80：20で配分されていた。

### ②　従来型PFI方式：川井浄水場再整備事業

　従来型PFI方式としては横浜市の川井浄水場再整備事業を取り上げる。技術点を合計100%として換算すると，全体事業方針，実施体制10%，整備45%，維持管理25%，事業計画20%の構成となっている。技術点と価格点の割合は60：40で配分されていた。

### ③　DBO方式：大牟田・荒尾共同浄水場施設等整備・運営事業

　DBO方式としては大牟田・荒尾共同浄水場施設等整備・運営事業を取り上げる。技術点を合計100%として換算すると，全体事業方針，実施体制20%，整備40%，維持管理40%の構成となっている。技術点と価格点の割合は70：30で配分されていた。

### ④　DB方式：燕市・弥彦村送配水管整備事業

　DB方式としては，燕市・弥彦村送配水管整備事業を取り上げる。技術点を

合計100％として換算すると，全体事業方針，実施体制12.5％，業務計画12.5％，整備56.25％，その他18.75％の構成となっている。技術点と価格点の割合は80：20で配分されていた。

　今回取り上げた案件を横並びで整理すると図表2-2-10となる。

**【図表2-2-10】水道事業における先行事例の評価基準例**

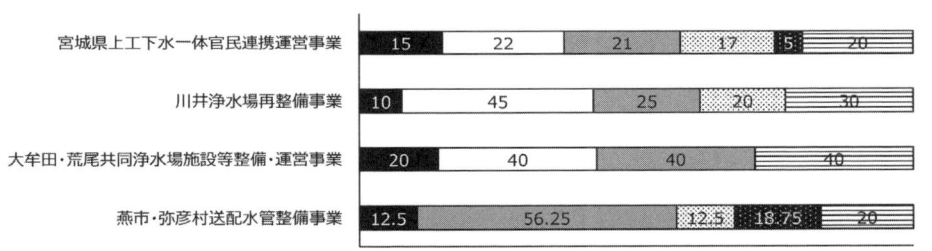

宮城県上工下水一体官民連携運営事業：15　22　21　17　5　20
川井浄水場再整備事業：10　45　25　20　30
大牟田・荒尾共同浄水場施設等整備・運営事業：20　40　40　40
燕市・弥彦村送配水管整備事業：12.5　56.25　12.5　18.75　20

0%　10%　20%　30%　40%　50%　60%　70%　80%　90%　100%

■全体事業方針、実施体制　□維持管理　■更新　■危機管理　■その他　□価格

（著者作成）

　図表2-2-10から，コンセッション方式では全体の事業方針，実施体制に加えて，運営に関係する危機管理なども重要視されることから，結果として更新や維持管理への評価割合は相対的に減っていると考えられる。同様に，民間事業者が資金調達を行う従来型PFI方式においても，危機管理の割合が大きくなっており，資金調達のないDBO方式では，更新と維持管理が評価の大半を占める結果となっている。DB方式については，維持管理がないために整備に係る評価は過半を超える評価基準となっている。また，コンセッション方式やDB方式に比べて，従来型PFI方式やDBO方式における価格点の割合が高くなっている。

　しかし，実態としては発注の時期によることが大きい。2000年代の黎明期では，総合評価方式の実績も多くなく，従来の価格のみの一般競争入札方式の影響を受け，技術点の割合が小さくなっていた。一方，案件が増加するにつれ，技術点の割合が高くなってきた。前述したとおり，時代が進み・経験が積まれ

るにつれ，複雑なPPP/PFI事業が増えてきたことも要因であろう。単なる設備・工事の発注ではなく，複合的な事業になるほど，民間事業者の創意工夫の余地も大きくなり，技術点を評価する傾向が強くなったものである。

　今後は，単一の施設整備を対象としたDB方式やDBO方式だけでなく，維持管理を含め，長期的に施設の改築を民間事業者が担うことが想定される。民間事業者が上下水道事業体とともに担っていくことから，より地域の人材，企業を含めた体制の構築から危機管理まで，よりコンセッション方式に近いような評価がなされていくものと推察される。

# 第3部

## 下水道事業における
## PPP/PFIの歩み

第1章

下水道事業における
多様なPPP/PFIとその歴史

　PFI法施行後，下水道事業のPPP/PFIはこれまで多様な発展を遂げてきた。ここでは，代表的な事業を振り返りながら，その歴史を紐解くと共に，今後の展開についても考えていきたい。

## 1　従来型PFI

　日本の下水道事業において，従来型PFI（以下，本章においては，コンセッション方式を除いたPFI方式を指すこととする）はこれまで11件の導入事例があり，最初に事業が開始された従来型PFIは，東京都の「森ケ崎水再生センター常用発電設備整備事業」である[21]。同事業は，非常用発電を兼ねた消化ガス発電事業の従来型PFIであり，常用発電設備の設計・建設，維持管理および運営を行う事業である。前述のとおり，下水道事業におけるPPP/PFIは，消化ガス発電事業や汚泥処理事業に用いられることが多く，2000年一桁代から2010年代にかけて従来型PFIの活用が進んだ。また，従来型PFIの他に地方自治体が自ら資金調達を行うDBO方式も同時に活用されてきた。

---

21　国土交通省　水管理・国土保全局　下水道部「下水道分野における官民連携事業の各都道府県での実施状況（官民連携見える化マップ）【令和4年4月時点】」（2022年）

　その後，2017年に大阪市で下水処理場全体の更新を目的とした「大阪市海老江下水処理場　改築更新事業」が導入され，2018年には大阪府富田林市で下水道管路の更新を目的とした「富田林市下水道管渠長寿命化PFI事業」が導入され，処理場，管路でそれぞれ従来型PFIが活用されるようになった。

　一方で，2018年に富田林市で導入されて以降，新たな従来型PFIは導入されていない。これは，下水道事業では，水道事業と比べて老朽化していない施設が多く，従来型PFIを用いた全面更新が必要な処理場が少ないためと考えられる。

　以下では，下水道事業の従来型PFIで事例の多い汚泥処理事業のうち，下水汚泥燃料化に取り組んでいる「横浜市南部汚泥資源化センター　下水汚泥燃料化事業」について取り上げる。

　下水道法第21条の2では，「公共下水道管理者は，発生汚泥等の処理に当たっては，脱水，焼却等によりその減量に努めるとともに，発生汚泥等が燃料または肥料として“再生利用”されるよう努めなければならない。」とされている。また，有機物である下水汚泥は，脱炭素の観点からも利用が期待されており，地球温暖化対策計画（令和3年10月22日閣議決定）では，下水汚泥のエネルギー化率を37%まで向上することによって約78万t-CO2削減が目標とされている。しかし，2020年3月時点ではエネルギー化率は24%に留まっている[22]。

　近年の脱炭素への取組みに先駆けて，横浜市で実施されているのが本事業である。本事業は，当該資源化センターが有する汚泥焼却炉のうち，老朽化した1基を対象に，燃料化施設への更新および管理運営する従来型PFI（BTO方式）事業である。事業期間は，2012年から2036年までの約28年であり，契約金額は約149億円となった。一般的に，従来型PFIでは，発注者（地方自治体の下水道部局）からサービス購入料が支払われる。

　本事業では，事業運営の結果として燃料化物が製造されることとなるが，汚泥処理工程で生まれた燃料化物の所有権は発注者である横浜市にあり，事業の

22　国土交通省水管理・国土保全局下水道部／公益社団法人　日本下水道協会「下水道政策研究委員会　脱炭素社会への貢献のあり方検討小委員会報告書〜脱炭素社会を牽引するグリーンイノベーション下水道〜」(2022年)

なかでは発注者である横浜市から民間事業者に販売されることとなっている。したがって，サービス対価とは反対に，民間事業者から発注者へ販売代金を支払うこととなる。民間事業者は，市から買い取った燃料化物を販売することが前提となっており，当該販売による収入は，民間事業者の収入とすることとなっている。これら燃料化物の買取と販売スキームは，下水汚泥を対象とした従来型PFIの特徴の1つであるといえる。

　また，本事業を導入した結果，温室効果ガス削減量は約6,000t-CO2／年の効果が得られたとの報告[23]があり，温暖化対策としても確実な効果が得られていることがわかっている。

## 2 ｜ 処理場の包括的民間委託

　下水道事業においては，処理場の包括的民間委託が積極的に導入されており，2023年4月時点で全国2,193カ所の処理場のうち579カ所で包括的民間委託が行われている[24]。

　処理場の包括的民間委託が積極的に導入されている背景には，事業が開始した当初から処理場の管理を委託する下水道管理者が多く，包括的民間委託導入に対する抵抗感が少ないこと，ヒト・モノ・カネに関する課題を抱えており，事業の効率化が求められることが考えられる。

　そうしたなかで，「PPP/PFI推進アクションプラン（令和5年改定版）」において管理・更新一体マネジメント方式であるウォーターPPP（レベル3.5）の考え方が示された。

　下水道事業におけるレベル3.5に類似する先駆的な事例として，大船渡市が実施している大船渡浄化センター施設改良付包括運営事業がある。

---

23　横浜市「南部汚泥資源化センター　下水汚泥燃料化施設の運営管理」（2019年）
　　https://www.city.yokohama.lg.jp/kurashi/machizukuri-kankyo/kasen-gesuido/gesuido/torikumi/happyo/R01happyoukai.files/ronbun2019-24.pdf
24　国土交通省　水管理・国土保全局　下水道部「下水道分野における官民連携事業の各都道府県での実施状況（官民連携見える化マップ）【令和5年4月時点】」（2022年）

　事業の詳細については，**第5部第1章**にて解説するが，本事業実施によって改良工事と維持管理の一括委託に加えて，施設を増設せずに既存施設の処理能力を増強できる最新技術を導入することによって，整備費と維持管理費それぞれのコストを削減することに成功している。

**【図表3-1-1】大船渡浄化センター施設改良付包括運営事業**

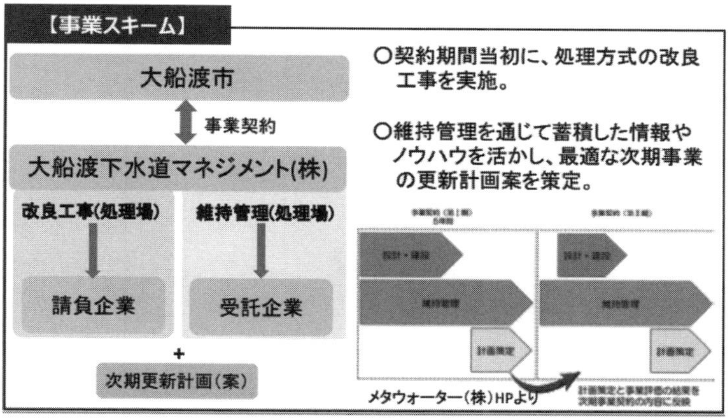

出所：内閣府「ウォーターPPPの参考となる事例」（2023年）

## 3 ｜ 管路の包括的民間委託

　下水道事業においては，包括的民間委託の取扱いを処理場と管路で分けて表記することが通例となっている。その背景として，処理場と管路では，その業務の性質が異なっており，あえて名称を分けて記載していると考えられる。以下では，それぞれ「処理場包括」，「管路包括」ということとする。

　処理場包括では，性能規定かつ委託業務範囲が包括的（運転管理や清掃等）であることと定義されている[25]。一方で，管路包括は，管路包括ガイドライン

---

[25]　公益社団法人　日本下水道協会「処理場等包括的民間委託導入ガイドライン」（2020年）

（GL）[26]によると「管路管理に係る複数業務をパッケージ化し，複数年契約にて実施する方式」とされている。導入された先行事例においても仕様発注の事例が多い。管路包括の性能規定については，「管路包括推進マニュアル[27]」が策定されているものの，導入事例は極めて少ないのが実態である。管路分野において仕様発注を基本としている理由について，管路包括GLでは，「管路は公道下に埋設されており，常時監視が難しいことや受託者の作業上の責によらない外的要因（交通荷重等）により施設状況が変化し，一定の確度ある性能指標を設定しづらいこと」等が理由とされている。

　上記を踏まえ，日本における管路包括導入の流れを振り返りたい。最初期の事例としては，東京都青梅市で1994年（平成6年）に導入された事例がある（ただし，当該業務は，当初は単年度契約から始まっており，2010年（平成22年）より複数年契約に移行している）。その後，2009年頃には千葉県等が処理場包括の一部に管路の維持管理も含める形態で導入し，2013年頃から河内長野市や大阪狭山市等で管路の維持管理を中心とした管路包括が，2018年には柏市において管路更新を主体とした業務が導入された。

　管路包括は各地方自治体によって業務範囲が異なっているのも特徴の1つであるといえる。その背景には，地元企業の有無による事業スキームの検討があると想定される。管路包括は，面的に広がった管路の維持管理や修繕・更新が対象である。従来，これら管路の維持管理や更新等を地元企業に発注してきた地方自治体においては，包括化をする際に地元企業の受注機会の確保が課題になる。そのため，包括化する際にも慎重な判断が求められ，サウンディング調査等を実施し，地元企業との対話を経て業務範囲を決定する流れにある。したがって，各地方自治体のニーズ（SMを担う職員が足らないため維持管理を民間事業者に任せたい，更新に力を入れたい等）と地元企業の状況を考慮した結果，地方自治体によって業務範囲が異なるさまざまな形態が生まれたのではないだろうかと考えられる。

---

26　国土交通省　水管理・国土保全局　下水道部「下水道管路施設の管理業務における包括的民間委託導入ガイドライン」（2020年）

27　公益財団法人　日本下水道新技術機構「下水道管路管理の包括的民間委託推進マニュアル（案）」（2019年）

　ここで，近年，管路包括の導入件数が伸びてきていることについて，考察を試みたい。管路包括の導入件数と国の施策，GL等の公表との関係を整理したものが図表3-1-2である。導入件数は徐々に伸びてきていることがわかる。これは，国土交通省から公表されたガイドラインや施策，交付金が影響していると考えられる。2007年に下水道中期ビジョン[28]において重要路線下における管路の緊急点検やSMへの移行が公表され，2008年に下水道長寿命化支援制度が設立され，交付金対象となった。その後，2009年以降に導入件数が伸びてい

**【図表3-1-2】年代別の管路の包括的民間委託の導入件数と国の施策との関連**

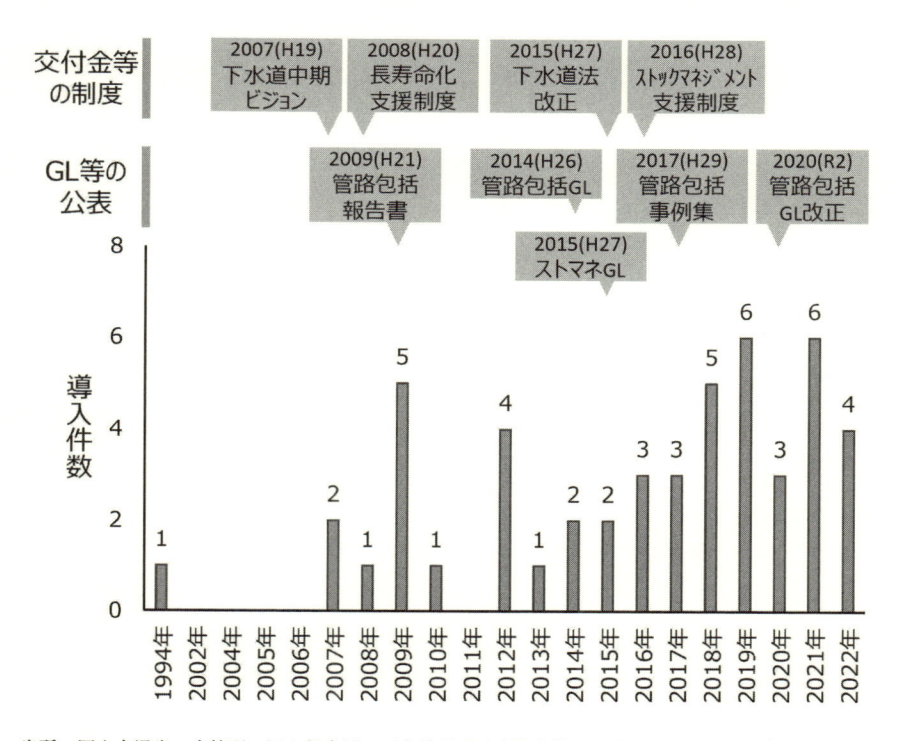

出所：国土交通省　水管理・国土保全局　下水道部「下水道事業におけるPPP/PFIの実施状況（令和4年4月）」（2022年）を基に著者作成

---

28　国土交通省　下水道政策研究委員会計画小委員会「下水道中期ビジョン〜「循環のみち」の実現に向けた10年間の取り組み〜」（2007年）

る。さらに，2014年の管路包括GL[29]公表，2015年の維持修繕基準等を事業計画
への記載が定められた下水道法改正（平成27年11月施行），2016年の社会資本
整備総合交付金における「下水道ストックマネジメント支援制度」の設立およ
び施設更新に対する交付が「下水道ストックマネジメント計画」に基づくもの
に限定されることとなったこと[30]等を経て，その後の導入件数は加速している。
国の施策等と管路包括導入を照らし合わせて歴史を振り返ると，両者は少なか
らず関連しており，国による施策等は一定の効果が得られていると考えられる。

　水道事業と比較し，下水道事業では交付金を活用することが多いことから，
PPP/PFIの導入にも交付金が大きく関連していると考えられる。2027年度以
降，汚水管路の更新についてウォーターPPP導入が要件化されることから，今
後は導入がより加速するであろう。

　また，ウォーターPPPレベル3.5では，「性能発注を原則」とすることが要件
の1つとされている。前述のとおり，管路包括は仕様発注が主体であり，これ
まで性能規定化することができてこなかった。しかし，近年は下水道管路の劣
化をAI活用により予測することも可能となってきた[31]。当該技術の普及やデー
タ蓄積が進むことで，下水道管路の劣化や破損リスクを定量的に把握できるよ
うになると考えられ，性能規定が可能になると期待される。

　一方で，AI活用や性能指標設定の基礎データとなる維持管理情報（苦情・
要望や道路陥没等の維持管理項目）について，中小の地方自治体を中心に電子
化が遅れている[32]。また，管路包括を通じて管路の維持管理情報を蓄積する事
例も出てきている[33]。下水道台帳の電子化や管路包括による維持管理情報を蓄
積するための体制作りがウォーターPPPの導入により促進され，性能規定が可

---

**29**　国土交通省　下水道管路施設の管理業務における民間活用手法導入に関する検討会「下水道管路
施設の管理業務における包括的民間委託導入ガイドライン」（2014年）

**30**　国土交通省「社会資本整備総合交付金交付要綱（令和5年5月19日改正）」（2023年）

**31**　EY新日本有限責任監査法人，EYストラテジー・アンド・コンサルティング株式会社，Fracta，
Fracta Japan「AIによる下水道管路破損予測，財政効果の見える化ならびにストックマネジメン
ト，アセットマネジメントの高度化に関する調査業務」国土交通省　令和3年度下水道応用研究
（2021年）

**32**　国土交通省　調査資料（2021年）

**33**　愛知県豊田市「管路包括によるDXの活用」国土交通省　第25回下水道における新たなPPP/PFI
事業の促進に向けた検討会（2019年）

能となって，よりウォーターPPPが促進される，といった好循環が生まれることを期待する。

# 4 ┃ コンセッション方式

　日本では，2018年4月に下水道事業におけるコンセッション方式の第1号案件として，浜松市の公共下水道終末処理場（西遠処理区）において，コンセッション方式が開始されたところである（**第5部コラム①を参照**）。その後，2020年に高知県須崎市，2022年に宮城県，2023年に神奈川県三浦市で導入され，現在，山口県宇部市において実施方針（素案）が公表されており，神奈川県葉山町でも導入検討が進められている。徐々にではあるが，導入件数や導入検討事例が増えてきたところである。

　下水道事業におけるコンセッション方式の特徴としては，まず，下水道事業は下水道法第3条に基づき，事業の実施主体は市町村が実施し，民営は不可能であることに依拠して，下水道事業の最終責任は引き続き市町村が負うこととなっていることが挙げられる。したがって，現行法の下においては，下水道事業の民営は不可能であり，コンセッション方式であっても，民間事業者が担う役割は事実行為に限定される。

　次に，PFI法第23条に基づいて下水道利用料金の収益としての収受が可能になる点が挙げられる。業務範囲に限っていえば，コンセッション方式特有の業務はこの1点のみであり，他の行為については，コンセッション方式でなくとも民間事業者が実施できる。

**【図表3-1-3】下水道事業におけるコンセッション方式の導入事例の概要**

|  | 浜松市 | 須崎市 | 三浦市 |
|---|---|---|---|
| コンセッション対象施設・業務対象の概要 | 下水処理場およびポンプ場の運営＋更新（＝管路は含まない） | 計画策定支援，汚水管路維持管理，終末処理場の運転維持管理（H36以降）（その他下水道管路（雨水）や漁業集落排水と中計ポンプ施設の維持管理やごみ処分場の管理があるが，委託業務として実施） | 下水処理場・ポンプ場の管理，更新＋管路の維持管理・更新・延伸（※ただし，更新・延伸費用は市が負担） |
| 事業期間 | 2018年4月から20年間 | 2020年4月から19.5年間 | 2023年から20年間 |
| 期間中事業費 | 513億円（市ウェブサイト） | 27億円（市ウェブサイト） | 50-100億円程度か（直近決算の費用を基にした著者簡易推定） |
| 選定コンソーシアムの主要株主 | ヴェオリア，JFE，オリックス，東急建設，須山建設 | NJS，四国ポンプセンター，日立造船，PFI機構，四国銀行 | 前田建設工業，東芝，クボタ，日本水工設計，ウォーターエージェンシー |

出所：各地方自治体公表資料より，著者作成

　ここで，これまで導入された3つのコンセッション方式について，各事業の特徴を比較していきたい（宮城県の事例については**第4部**を参照）。まず，コンセッション対象施設および業務の対象範囲について比較すると，浜松市の事例では処理場やポンプ場等を対象としている。一方で，須崎市では汚水管路の維持管理を，三浦市では管路の維持管理・更新・延伸を含めることとなっており，管路を含める事業となっていることが特徴である。管路包括と同様に，管路の維持管理や更新等を対象とした場合は，地元企業の受注機会の確保が課題になる。三浦市の事例において，管路の更新も含めることができた理由として，もともと，管路を維持管理するような地元企業が同市にいなかった（受注機会

の確保を懸念する必要がなかった）からではないかと想定される。

　次に，対象とする事業に着目すると，須崎市の事例においては，下水道事業以外に漁業集落排水処理施設の維持管理とクリーンセンター（一般廃棄物最終処分場等）の運転管理・維持管理を含んだバンドリングであることが特徴である。

　また，須崎市の事例では，PFI法第6条に基づく「民間提案」を受け付けたことも特徴の1つである。内閣府は，「公共調達における民間提案を実施した企業に対する加点措置に関する実施要領（令和4年10月27日）」を決定した。これより，PFI法第6条に基づく民間提案を実施した民間提案事業者等に対して，提案評価時において総配点の5％〜10％が加点されることが示された（**第5部第2章**を参照）。今後，ますます民間提案が活用されていることと想定され，須崎市の事例は，提案評価時において加点されることには至らなかったものの，内閣府の実施要領に先駆けて民間提案制度を活用した取組みであったといえる。

　**第1部第1章**で述べた通り，人口規模の小さい地方自治体であるほど，使用料だけでは費用を回収できない状態や技術職員数の減少といった課題が生じている。下水道事業におけるコンセッション方式は，政令指定都市である浜松市で開始され，その後は須崎市や三浦市といった比較的人口規模の小さい地方自治体で活用されてきた。今後も，コンセッション方式は小規模な地方自治体の課題解決手段の1つとして，活用が期待されるところである。

第２章

## 数字から見る下水道事業における PPP/PFIの動向

　本章では，これまで導入されてきた下水道事業におけるPPP/PFIの先行事例を振り返り，どのような地方自治体でどのように活用されてきたのか，どのような民間事業者が参画してきたのかについて分析する。また，それらの民間事業者を地方自治体はどのように選定してきたのかについても分析し，今後のウォーターPPP時代の下水道事業におけるPPP/PFIのあり方について探っていく。

## 1 　地方自治体の規模等によるPPP/PFIの導入傾向

### （1）　PPP/PFIの類型別案件数と傾向

　下水道事業においては，下水処理場の管理（機械の点検・操作等）について，９割以上で民間委託が導入されており，地方自治体にとって民間委託は身近なものであるといえる。

　一方で，処理場の包括的民間委託は全国2,193カ所のうち，579カ所で導入されており，指定管理者制度の導入件数62カ所と合わせても，全体の約３割の導入に留まっている。また，DBO方式，従来型PFI，コンセッション方式，管路の包括的民間委託（管路包括）に着目すると，これまで96件の導入に留まって

いる[34]。

　下水道事業においてこれまで導入されたPPP/PFIの類型（DBO方式，従来型PFI，コンセッション方式，管路包括）と事業内容との関係を整理すると図表3-2-1のようになる（処理場包括については，処理場の維持管理が主な事業内容であるため，記載を省略する）。下水道事業の従来型PFIおよびDBO方式においては，消化ガス発電事業や汚泥処理施設に用いられてきたことがわかる。一方で，管路包括は，維持管理や更新（調査含む）に用いられてきた。

　これまでの下水道事業では，PPP/PFIの類型ごとに事業内容が偏ってきた。その理由として，日本の下水道事業は，水道事業よりも遅れて整備されてきたことに関連すると考えられる。処理場等の施設については，土木躯体の多い水処理施設はまだ老朽化していないが，汚泥処理施設については機械設備が主体であり，水処理施設よりも早く老朽化する。また，汚泥処理は，汚泥からのエネルギー回収等といった汚泥資源の活用事業を組み合わせやすいことから，民間事業者の技術やノウハウを活用しやすく，PPP/PFIを活用しやすいと考えられる。そのため，汚泥処理施設等を対象として従来型PFIとDBO方式が用いられてきたと想定される。管路については，地中に埋設されていることから，老朽化等の状態を把握しにくく，民間事業者からするとリスク管理がしにくいことに加えて，全国的に本格的な老朽化はこれから始まる段階であり維持管理を起点としたストックマネジメントが国により推進されてきたことから，施設の更新が主体の従来型PFI等ではなく，維持管理を中心とした包括的民間委託が選択されてきたのだと想定される。

---

34　国土交通省　水管理・国土保全局　下水道部「下水道事業におけるPPP/PFIの実施状況（令和4年4月）」（2022年）

**【図表3-2-1】下水道事業におけるPPP/PFIの別案件数と主な業務内容の内訳**

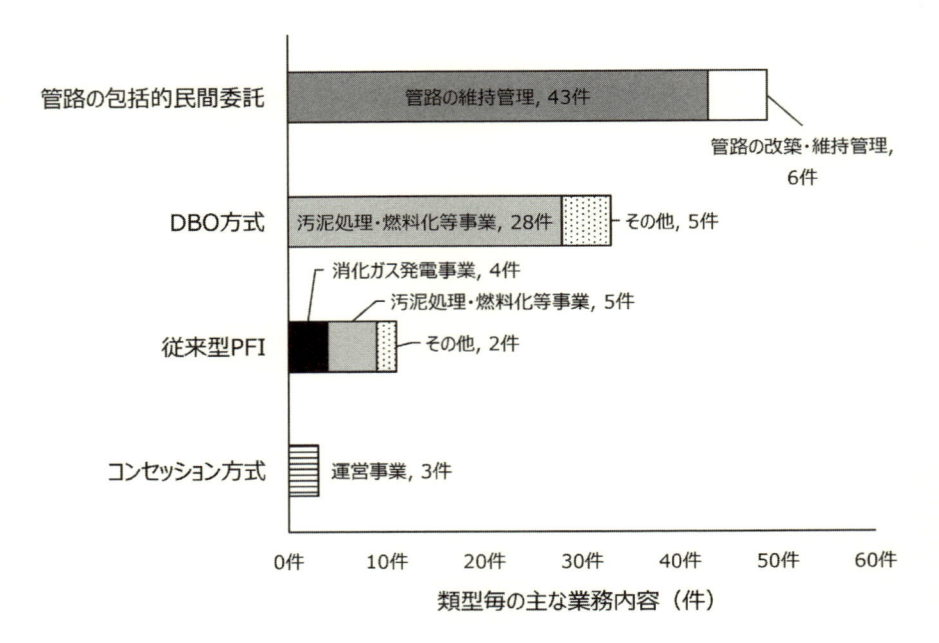

（著者作成）

　PPP/PFIの手法別に導入年度別の傾向を図表3-2-2に示す。水道事業と同様に，2001年にPFI法が公布・施行されてから導入件数は増加傾向にあり，直近の2022年では7件が導入されている。また，各手法の導入時期は時代によって異なっており，主に消化ガス発電事業や汚泥処理施設に用いられてきた従来型PFIとDBO方式は，2000年代後半から現在に至るまで，概ね年間2〜4件程度で推移していることがわかる。

　一方で，管路包括は，2007年頃から導入件数が伸び，増加傾向にあるものの，年度により導入件数に差がある。これは，国土交通省から公表されたガイドラインや施策，交付金が影響していると考えられる（詳細は**第1章**を参照）。

**【図表3-2-2】下水道事業における導入年度ごとの案件数**

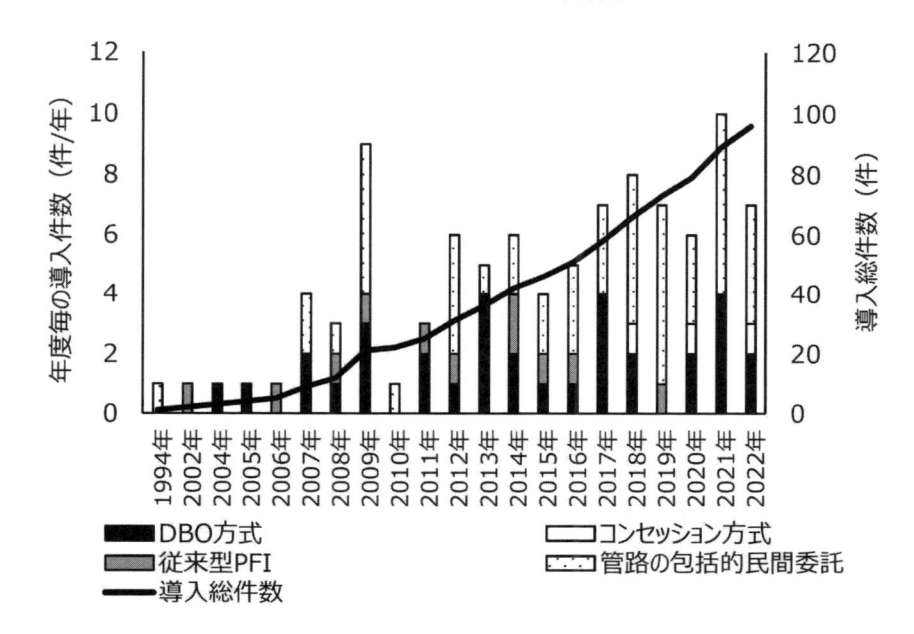

出所：国土交通省　水管理・国土保全局　下水道部「下水道事業におけるPPP/PFIの実施状況（令和4年4月）」（2022年）より作成

## （2）　地方自治体の人口規模別の導入傾向

　PPP/PFIを採用した地方自治体の下水道部局（処理場包括を除く）を人口規模別で分類し，各分類におけるPPP/PFIの案件数を整理したものが図表3-2-3である。下水道事業でPPP/PFIを採用した地方自治体の約半数が人口50万人以上（都道府県含む）であり，地方自治体あたりのPPP/PFI案件数も多かった。

【図表3-2-3】地方自治体の人口規模別のPPP/PFI（処理場包括を除く）案件数

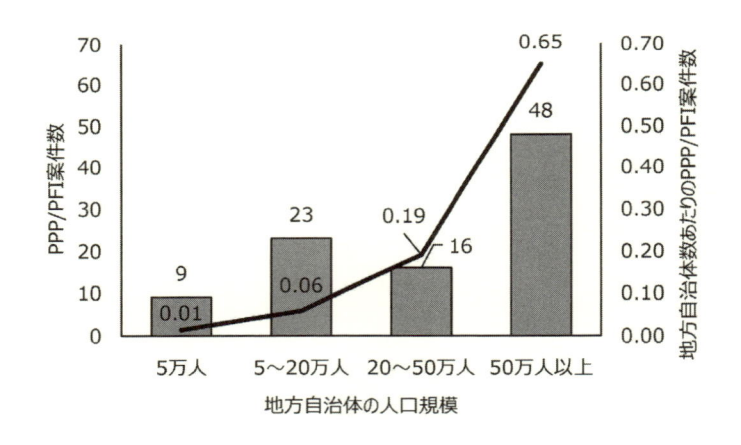

出所：国土交通省　水管理・国土保全局　下水道部「下水道事業におけるPPP/PFIの実施状況（令和4年4月）」（2022年）より作成

　また，処理場の包括的民間委託について，地方自治体の人口規模別で分類すると，図表3-2-4となる。処理場包括では，人口5万人未満の自治体での導入件数が最も多いが，導入割合でみると，20万人～50万人未満の自治体での導入割合が高いことがわかる。処理場包括のレベル[35]でPPP/PFI導入件数を分類すると図表3-2-5となる。処理場包括のレベルとしてはレベル2が最も導入件数が多くなっていることがわかる。

---

35　処理場包括のレベルとは，性能発注における業務範囲をレベルとして表したものである。

【図表 3 - 2 - 4】 人口規模別の処理場包括・指定管理者の導入地方自治体数
　　　　　　　　※流域下水道を除く

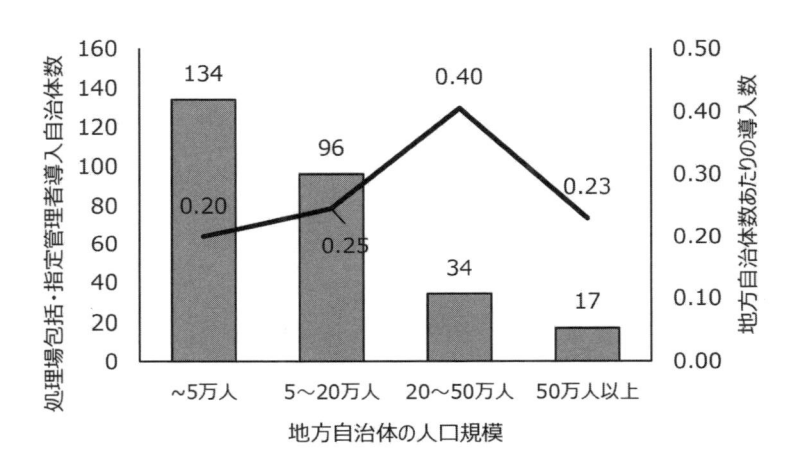

出所：公共投資ジャーナル社提供資料を基に，著者作成

【図表 3 - 2 - 5】 レベル別処理場包括の導入地方自治体数

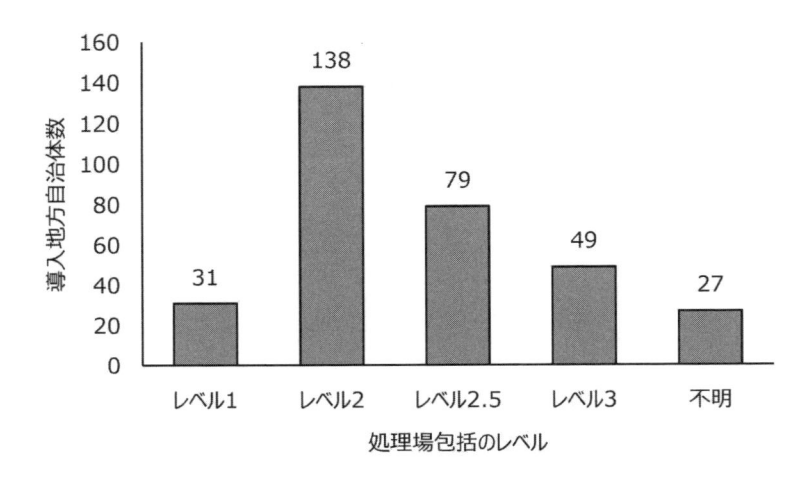

※同一地方自治体でレベルの異なる処理場包括を導入している場合は，次数が高い方を選定して分析。
出所：公共投資ジャーナル社提供資料を基に，著者作成

　次に，地方自治体の人口規模別で処理場包括のレベル割合を整理したのが図表3-2-6である。処理場包括のレベルと人口規模の相関関係については，人口20万人未満の地方自治体ではレベル2以下が多く，人口20万人以上の地方自治体ではレベル2.5以上の割合が多い傾向にはあるものの，明確な相関関係はみられなかった。また，レベル3の処理場包括については，人口5～20万人・20～50万人の地方自治体と比べて，人口5万人未満の地方自治体の導入割合が高かった。

　また，別途，「処理開始後の経過年数とレベルの関係」を分析したが，こちらは相関がみられなかった。したがって，処理場包括のレベルは地方自治体の人口規模や経過年数に関係なく，導入できる可能性があるといえる。国土交通省は，2027年度以降に汚水管路の更新を伴う交付要件にウォーターPPPレベル3.5以上を求めることを公表しているが，各地方自治体は規模や経過年数を理由とせず，高次の処理場包括の導入を検討いただければと考える。

**【図表3-2-6】人口規模別処理場包括の導入レベル割合**

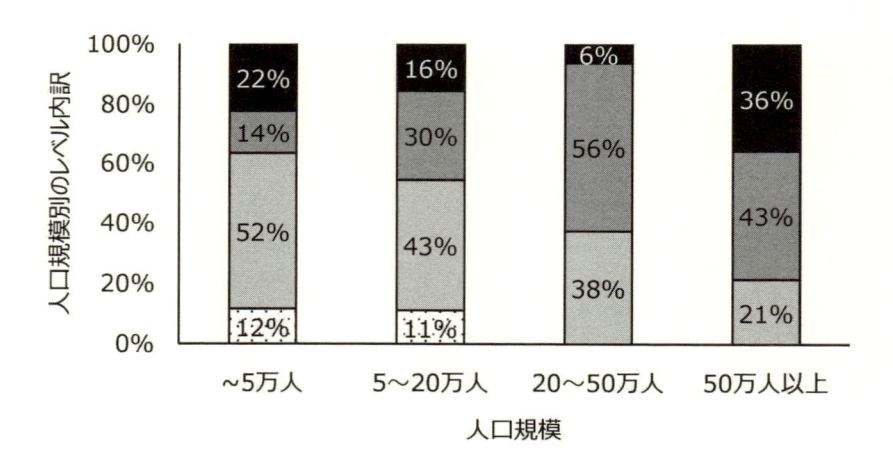

出所：公共投資ジャーナル社提供資料を基に，著者作成

　下水道事業におけるPPP/PFIの先行事例について，行政人口ごとの分類を試みた（図表3-2-7）。DBO方式については顕著に人口50万人以上の自治体において導入される傾向にある。これは，DBO方式は消化ガス事業や汚泥処理施設整備事業が多く，一定規模の汚泥量等がないと事業化が難しいことに起因していると考えられる。図表3-2-3で示した地方自治体の人口規模別での割合でも人口50万人以上の地方自治体で導入率が高い傾向にあることとも一致することがわかる。

　一方，近年導入件数の増えている管路包括は，明確な行政人口における違いがないことがわかる。これは，大規模都市では管路の老朽化に伴い老朽化対策等の事業量増加に対応するために管路包括が導入され，小規模都市では職員不足等により面的に広がった管路の維持管理が困難となったことに対応するために管路包括が導入されたことが重なった結果ではないかと考えられる。

**【図表3-2-7】下水道事業におけるPPP/PFIの導入件数と行政人口の関係**

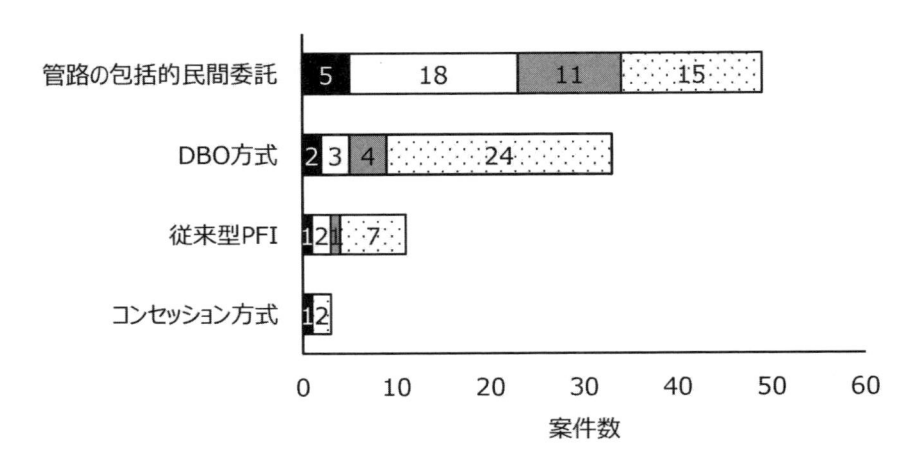

出所：国土交通省　水管理・国土保全局　下水道部「下水道事業におけるPPP/PFIの実施状況（令和4年4月）」（2022年）より作成

## （3）　地域別の導入傾向

　ここでは，これまで導入されたPPP/PFIの導入事例について，地域別の導入傾向を説明したい。まず，下水道事業に着手している地方自治体（都道府県（流域下水道）を含む）のうち，何らかのPPP/PFIを導入している地方自治体について，都道府県別の導入率をマッピングしたのが図表3-2-8である[36]。これによると，最も導入率が高いのは静岡県（63％）であり，次いで富山県（60％）となった。また，最も導入率が低いのは岐阜県（2.6％）となっている。エリアごとには，関東や中部での導入率が高い傾向にある。

**【図表3-2-8】都道府県ごとのPPP/PFIの導入率**
※各都道府県における導入率＝PPP/PFIを導入している地方自治体数／下水道事業に着手している地方自治体数（都道府県（流域下水道）を含む）

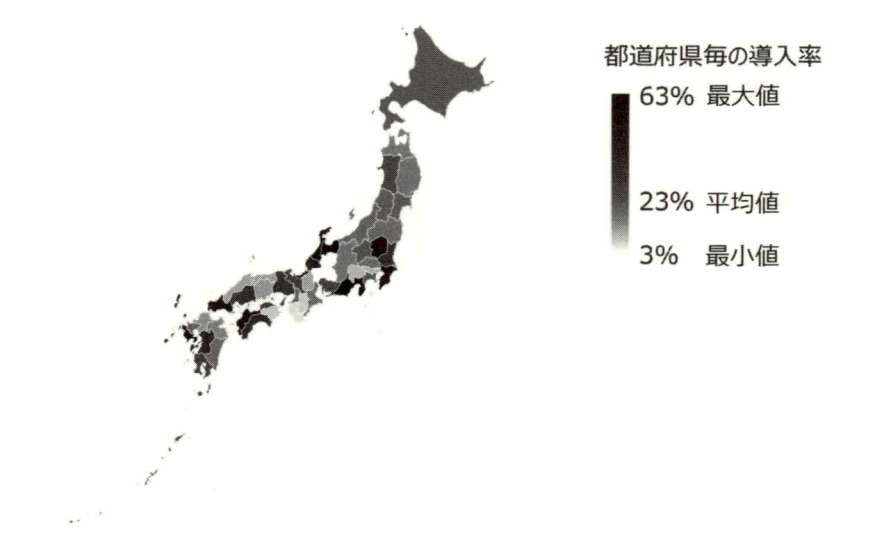

出所：国土交通省　水管理・国土保全局　下水道部「下水道事業におけるPPP/PFIの実施状況（令和4年4月）」（2022年）より作成

---

36　国土交通省　水管理・国土保全局　下水道部「下水道分野における官民連携事業の各都道府県での実施状況（官民連携見える化マップ）【令和4年4月時点】」（2022年）

### 2 ｜ PPP/PFIへ参画している民間事業者の分類と傾向

### （1）　DBO方式，従来型PFI，コンセッション方式，管路の包括的民間委託における傾向

　PPP/PFIの各事業で選定された民間事業者を業種ごとに分類した結果が図表3-2-9である（なお，処理場の包括的民間委託および指定管理者制度については，事業の契約単位ではなく，施設単位での分析であるため，別途後述する）。

　処理場包括・指定管理者を除く事業類型では，これまで受託した民間事業者のうち，最も多かったのは地元企業であり，次いでメーカー（機械・電機メーカー，エンジニアリング会社等）であった。

【図表3-2-9】下水道事業におけるPPP/PFI（処理場包括・指定管理者を除く）の民間事業者分類

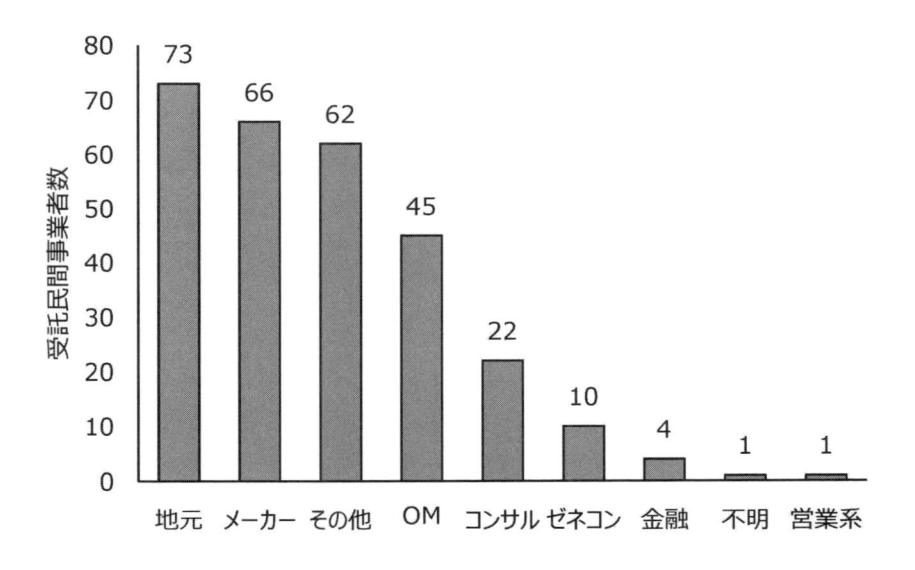

（著者作成）

　PPP/PFIの類型ごとの受託民間事業者の業種内訳を整理したのが図表3-2-10である。下水道事業のPPP/PFIの内，従来型PFIとDBO方式は，前述のとおり，消化ガス発電事業や汚泥処理施設に用いられてきたことから，メーカーが多いことがわかる。また，管路包括は約44％を地元企業が占めていることがわかる。

**【図表3-2-10】受託民間事業者の業種の割合**

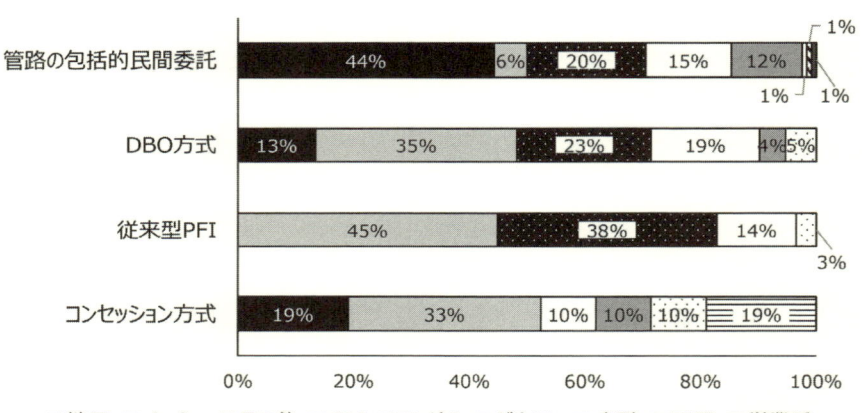

（著者作成）

　代表企業の業種に着目し整理した結果が図表3-2-11および図表3-2-12である。従来型PFI，DBO方式，コンセッション方式では，代表企業においてもメーカーが多くを占めており，管路包括でも同様に，地元企業が占める割合が高い。また，管路包括以外の類型では，地元企業が代表企業を務めていないことがわかる。

　上記を踏まえると，処理場を対象とする従来型PFI，DBO方式，コンセッション方式では，メーカーが多くを占めており，メーカーが主体（代表企業）となって事業を牽引してきたといえるだろう。

　一方で，管路包括では，地元企業が主体（代表企業）となり，参画している割合も高いことが伺える。これは，管路包括の業務内容は，日常的な維持管理

【図表 3 - 2 -11】 下水道事業におけるPPP/PFIの受託代表企業分類

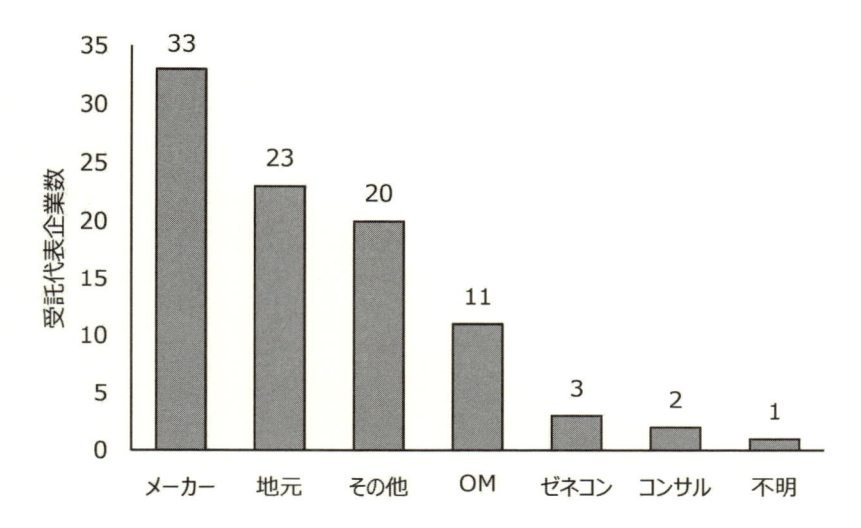

（著者作成）

【図表 3 - 2 -12】 下水道事業におけるPPP/PFIの受託代表企業業種の内訳

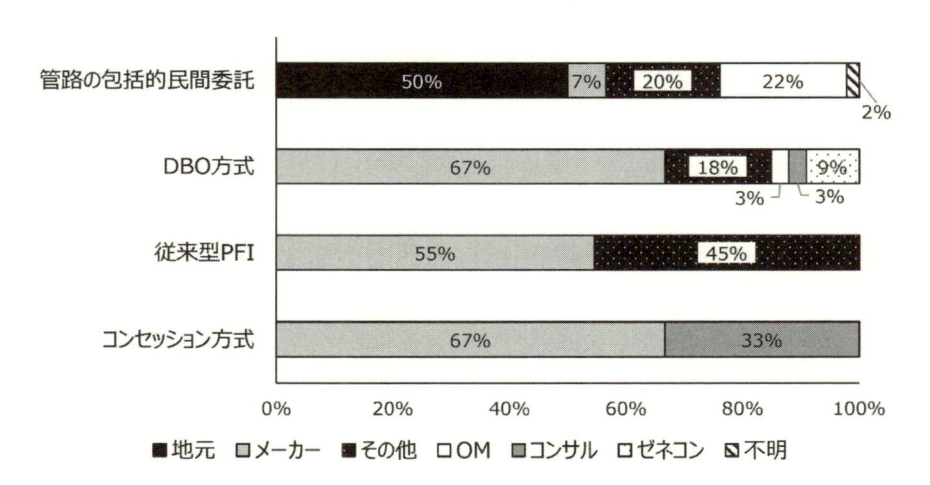

（著者作成）

（管路の点検や清掃）や住民対応（下水管のツマリ等への緊急対応等）を含むことが多いことから，各地域での機動力を有する地元企業が主体となっていると考えられる。

　ウォーターPPPの導入によって，今後，施設と管路の一体マネジメントが進むと想定される。これまでのPPP/PFIでは，施設主体の従来型PFI等と管路包括では構成企業の業種が異なっていることがわかった。今後，接点のなかったこれらの民間事業者が連携することが求められることになるため，民間事業者同士の連携をどのように促進するかが課題となるであろう。

## （2）　処理場の包括的民間委託および指定管理者制度における傾向

　処理場包括および指定管理者制度では，これまで受託した民間事業者のうち，最も多かったのはO&M企業であり，次いで地元企業であった。この2つが受託民間事業者の約84％を占めており，運転管理や維持管理が中心である処理場包括・指定管理者の性質と合致していることがよくわかる。また，管路包括では地元企業の割合が多かったが，処理場包括及び指定管理者も同様の傾向にあ

**【図表3-2-13】処理場包括・指定管理者制度における受託民間事業者の業種の分類**

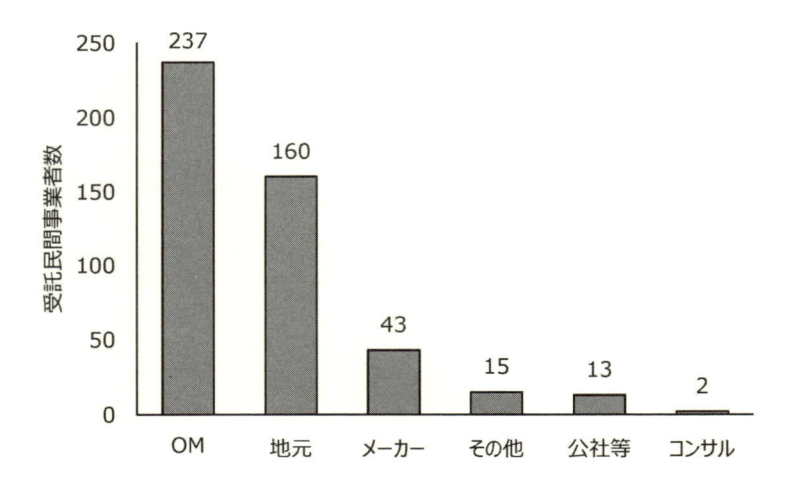

出所：公共投資ジャーナル社提供資料を基に，著者作成

り，管路も施設も，維持管理等においては地元企業の存在がかかせないことを示していると考えられる。

## 3 ┃ 事業者選定における配点傾向

　本項では，これまで導入されてきた先行事例のうち，ウォーターPPPレベル4に該当するコンセッション方式を対象として，事業選定においてどのような配点傾向で評価されてきたのかを分析する。また，今後のウォーターPPP導入に向けて留意するべき点について，考察を試みたい。

　下水道事業では，これまでコンセッション方式は3事例導入されてきた。これらの事例における選定評価基準の概要は，以下の通りである。

### ①　浜松市：浜松市公共下水道終末処理場（西遠処理区）運営事業

　同事業の評価基準は技術点を合計100％として換算すると，全体の事業方針，実施体制18.8％，個別業務提案62.5％，収支計画12.5％，地域貢献6.3％の構成となっている。技術点と価格点の割合は80：20で配分されていた。

### ②　須崎市：須崎市公共下水道施設等運営事業

　同事業の評価基準は合計100％として換算すると，全体の事業方針，実施体制10.0％，個別業務提案50.0％，収支計画10.0％，地域貢献10.0％，その他（リスク対応，競争的対話）20.0％の構成となっている。なお，価格点は評価対象項目ではなかった。

### ③　三浦市：三浦市公共下水道（東部処理区）運営事業

　同事業の評価基準は技術点を合計100％として換算すると，全体の事業方針，実施体制12.4％，個別業務提案54.7％，収支計画11.8％，地域貢献7.1％，その他（モニタリングや災害時体制等）14.1％の構成となっている。技術点と価格点の割合は80：20で配分されていた。

【図表3-2-14】 先行事例における比較

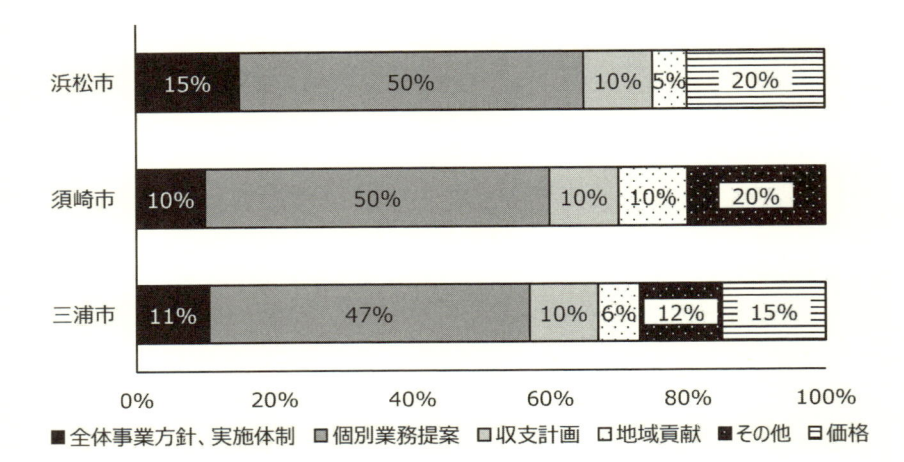

（著者作成）

　今回取り上げた案件を横並びで整理すると図表3-2-14となる。同図から，いずれの事業においても，最も評価されているのは，業務内容そのものへの提案であることがわかる。全体方針や収支計画，地域貢献への提案評価については，各地方自治体や各下水道事業の状況を踏まえて，配分が調整されたものと推察される。

　ウォーターPPPでは，維持管理と更新の一体マネジメントが要件とされたうえで，施設と管路の一体化やバンドリングについて，検討する必要がある。また，前述の通り，従来の事業では，PPP/PFIの類型ごとに参画してきた民間事業者の種別がまったく異なっていた。これらを踏まえると，今後のウォーターPPPでは，ウォーターPPPの要件を満たすために地方自治体による官民の業務分担の再編が求められるとともに，民間事業者同士の連携も求められるのではないだろうか。したがって，事業者選定においては，民間事業者同士の連携についてより促進するとともに，地方自治体（下水道事業の管理者）として，事業の目的と照らし合わせて，どのような事業者提案を求めて，評価するのか，見直しのタイミングが来ることになるであろう。

# 第 4 部

# ひろがりつつある
# 上下水道一体型事業

これまでは水道事業と下水道事業に分けてそれぞれの官民連携事業についてみてきた。本章では，国における水道管理行政の国土交通省への移管なども踏まえながら，各自治体における上下水道一型の官民連携事業の状況や今後の見通しについて触れていきたい。

## 1 ｜ 国における水道行政の移管

2023年（令和5年）通常国会において，「生活衛生等関係行政の機能強化のための関係法律の整備に関する法律」が成立し，2024年4月に水道整備・管理行政が厚生労働省から国土交通省および環境省へ移管された（図表4-1-1）。

上下水道で所管省庁が1つの組織であることは，諸外国では一般的なことであり，以前から上下水道の関係者の間でもその必要性を指摘する声も少なくなかった。特に国の下水道関係予算と水道関係予算では，その規模の開きが約10倍となっており，自治体に対する財政的支援は下水道関係が圧倒的に多いのが現状である。補助の対象となる事業も水道事業は耐震化や処理の高度化といった限定的なものであり，一般的な配水管の更新事業に対して補助はない。

また，水道事業と下水道事業における専門用語の違いも当事者を戸惑わせる要因の1つである。水道事業は長期の更新計画についてアセットマネジメント

**【図表4-1-1】** 生活衛生等関係行政の機能強化のための関係法律の整備に関する法律案の概要

## 生活衛生等関係行政の機能強化のための関係法律の整備に関する法律案の概要

### 改正の趣旨
生活衛生等関係行政の機能強化を図るため、食品衛生法による食品衛生基準に関する権限を厚生労働大臣から内閣総理大臣に、水道法等による権限を厚生労働大臣から国土交通大臣及び環境大臣に移管するとともに、関係審議会の新設及び所掌事務の見直しを行う。

### 改正の概要

**1. 食品衛生基準行政の機能強化** [食品衛生法]
① 食品等の規格基準の策定その他の食品衛生基準行政に関する事務について、科学的知見に基づきつつ、食品の安全性の確保を図る上で必要な環境の総合的な整備に関する事項の総合調整等に係る事務と一体的に行う観点から、厚生労働大臣から内閣総理大臣（消費者庁）に移管する。
② 薬事・食品衛生審議会の調査審議事項のうち、食品衛生法の規定によりその権限に属せられた事項であって厚生労働大臣が引き続き事務を行うもの（食品衛生監視行政）に関しては、厚生科学審議会に移管する。

**2. 水道整備・管理行政の機能強化** [水道法、水道原水水質保全事業の実施の促進に関する法律、公共土木施設災害復旧事業費国庫負担法、社会資本整備重点計画法]
① 水道に関する水質基準の策定その他の水道整備・管理行政であって水質又は衛生に関する事務について、環境の保全としての公衆衛生の向上及び増進に関する専門的な知見等を活用する観点から、厚生労働大臣から環境大臣に移管する。
② 水道整備・管理行政であって①に掲げる事務以外の事務について、社会資本の整合的な整備に関する知見等の活用による水道の基盤の強化等の観点から、厚生労働大臣から国土交通大臣に移管するとともに、当該事務の一部を国土交通省地方整備局又は北海道開発局長に委任できることとする。
③ 災害対応の強化や他の社会資本と一体となった効率的かつ計画的な整備等を促進するため、水道を、公共土木施設災害復旧事業費国庫負担法及び社会資本整備重点計画法の対象施設に加える。

**3. 所掌事務等の見直し** [厚生労働省設置法、国土交通省設置法、環境省設置法、消費者庁及び消費者委員会設置法]
① 厚生労働省、国土交通省、環境省及び消費者庁の所掌事務並びに関係審議会の調査審議事項に係る規定について所要の見直しを行う。
② 国土交通省地方整備局及び北海道開発局の業務規定の整備を行う。
③ 食品等の規格基準の策定その他の食品衛生基準行政に関する事務の調査審議を行う審議会（食品衛生基準審議会）を消費者庁に設置する。
　　　　　　　　　　　　　　　　　　　　　　　　　　　　　　　　　　　等

### 施行期日
令和6年4月1日

出所：厚生労働省

が使われているのに対し，下水道事業ではストックマネジメントという用語が一般的に使われている。下水道事業でもヒト・モノ・カネを総合的にマネジメントする"アセット"マネジメントという概念はあるものの，以前の下水道事業長寿命化支援制度から発展した下水道ストックマネジメント支援制度の創設により，施設の計画的・効率的管理の視点に主眼を置いたストックマネジメントという用語が浸透している。

　諸外国においては，イギリス，フランス，ドイツなど，いずれの国々においても，水行政に関する所管省庁は1つである。また，各国では，水法のなかに水道と下水道が含まれている点も，水道法と下水道法がそれぞれ存在している日本とは異なる。このような諸外国の制度・法体系も日本の水行政の特殊性を際立たせている。

　2024年4月の水道の管理行政の国土交通省への移管後に，予算や用語などは

もちろん法制度がすぐに統一されることはないと考えるが，そのきっかけを作ったという意味で，今後の国の取組みに期待したいところである。一方で，工業用水道は引き続き経済産業省の所管であり，小規模な下水道（農業集落排水事業など）なども農林水産省等の他の省庁が所管し，浄化槽は環境省所管という状況は続くため，水に関するインフラがすべて国土交通省に統一されるわけではなく，これらの移管がいつの時点で行われるのかまたは行われないのか，水関係行政の一元化という観点から引き続き注視することが重要だろう。

　国の動きとは別に，これまでも地方自治体の間では，水道事業と下水道事業を担当する組織を一体化して上下水道部・企業局等を設置する団体も一定数存在している。また，一部の包括委託事業では上下水道業務を一体的に発注する事例もあった。所管省庁の統一により，2024年度以降，これらの上下一体発注の動きは加速することが想定される。

## 2 ｜ 地方自治体における上下水道組織

　まず地方自治体で，水道事業と下水道事業の所管組織を統合している団体について確認したい。2011年（平成23年）の第177回国会における質問主意書[37]に対する政府答弁では，1,565団体中680団体の40％超に及ぶ団体が上下水道の組織を統合しているとされている（震災等の理由により回答ができなかった160団体を除く）。また，2020年4月の国土交通省下水道技術研究開発（GAIAプロジェクト）における「日本下水道事業における広域化・共同化および官民連携の取り組みに関する生産性・効率性の計測」に関するアンケート調査1次集計結果によると，約50％の団体（回答を得られた820団体のうち377団体）が水道事業と下水道事業の組織を統合しているようである。

　上下水道組織の統合による利点に目を向けると，前述の国会答弁では，「業務の効率化により経営基盤が強化されることや地域住民に対するサービス水準

[37] 衆議院議員橘慶一郎君提出地方自治体における上下水道事業の一体的運営に関する質問に対する答弁書

が向上することであると認識している。また，その際には，上下水道両事業の業務内容に精通した職員の育成を図ること等が重要であると認識している」とある。ここからもわかるように，実務上の効率化・省力化を目的とし，国に先駆けて多くの地方自治体が組織統合を行っていることが見て取れる。

3 上下水道一体発注の現状

　次に上下一体の包括委託の現状についてみてみたい。これだけ多くの地方自治体が組織統合を行っている一方で，包括委託を上下一体で発注している事例は数えるほどである。現時点で著者が確認した上下水道一体包括委託事業は次に示す8件となっている（このうち，奈良市については，第2期の委託から，水道事業と下水道事業が分離されて発注されている）。

　このなかで最も導入が早い事業は2010年度から第1期の包括委託を開始した栃木県高根沢町である。その後，2013年に石川県かほく市で導入されるなど複数の自治体での導入が続く。これらの地方自治体で上下一体発注に至る前には，いずれの団体でも上下水道の組織統合が行われている。

　少し話がそれるが，大分県大分市上下水道局では，2018年4月に市長事務部局の下水道部と公営企業部局の水道局が組織統合を行っている。そこでは，1つの組織とした後，40超のプロジェクトチームが立ち上がり，職員手作りの経営戦略の策定，下水道施設再構築，下水道の広域化，下水道研究発表会の参加，独自採用職員の増加などの成果を上げたとされている[38]。このように，上下水道の組織が一体化によって組織内での議論のきっかけが生まれることは間違いなく，今後所管省庁の統一によって地方自治体でも組織統合が促され，結果として上下一体の官民連携事業が生まれていくことが期待される。

　加えて，民間事業者からみても事業範囲が増えることは，PPP/PFIへの参入を検討するうえでの好材料となる。各地方自治体で一体化に踏み込んだ理由

---

[38]　令和2年度（第13回）「国土交通大臣賞（循環のみち下水道賞）」アセットマネジメント部門　上下水道事業の組織統合による職員のエンパワーメントと経営改革
https://www.mlit.go.jp/mizukokudo/sewerage/content/001360772.pdf

の1つには，水道事業単独や下水道事業単独では事業規模が小さく，参入を検討する民間事業者にとって魅力的ではないと映り参入してくれないのではないかと懸念した。このため，上下一体化することで規模を確保し，民間事業者にとって参入したいと思える事業に仕立て上げたということである。民間事業者にとっては，事業規模が拡大することでさまざまな工夫を行う余地が広がり収益性が高まることは，社内での説明（参入にあたっての社内決裁）においても望ましいことである。

　もちろん，事業規模だけが参入の判断材料ではないことを地方自治体職員は理解しておかなければならない。事業規模を拡大しても，仕様発注的にあれこれと民間事業者が従わなければならないルールを定めては，民間事業者側としても創意工夫の余地が狭められてしまう。例えば，水道と下水道で「夜間対応のためにそれぞれで担当者を配置すること」などの仕様を定めてしまうというようなことである。こうなっては，効率化の工夫も生まれにくい。PPP/PFI事業に共通することであるが，民間の創意工夫を活かすためには，できる限り性能発注に努め，民間事業者へ任せることが成功の秘訣である。

　では改めて各上下水道一体型のPPP/PFI事業の受託企業の代表企業の顔ぶれを見てみると，ヴェオリアグループ，水ingグループ，第一環境株式会社，株式会社ウォーターエージェンシー，株式会社神鋼環境ソリューションとなっている。神鋼環境ソリューションを除けば，自治体から運転管理や料金徴収業務を実施している企業が揃っていることが興味深い。上下水道一体包括委託ともなると，その主目的はやはり職員不足による民間活用となるためか，施設の維持管理だけでなく料金徴収や窓口対応業務を含めようとする傾向が強いようである。

　一方で，4条業務といわれる設計・建設関連や管路に関連する業務はほとんど含まれない。これらの業務は地域の企業が担うことが多く，一体化の対象としてしまうと地元からの大きな反発も予想される。事業の継続性を確保するためには，一体化による効率化や官民連携が必要であるが，地元企業からの反発によりこれらが進まないとなると，やはり担当の職員としてはこれらの業務を事業の対象外とすることを選択しがちである。これが，上下水道一体型の包括委託事業においても，4条関連や管路・管きょ関連業務が事業の対象外とされ

る第一の理由である。

　図表4-1-3では，各事業に含まれる業務をまとめている。これを見てみると，それぞれの地方自治体で特徴のある事業が展開されていることがわかるのではないだろうか。例えば，埼玉県戸田市では，財務会計業務や経営分析補助業務が含まれている。これらは事務系の職員が対応する業務であるが，財務会計等に携わる高度な専門人材を1つの自治体で抱えることは難しいということが背景にある。このような財務会計等に関する専門的知識は，日常的に必要となるわけではなく，スポット的に必要となる。このため，もし地方自治体でそのような能力を有する人材を抱えるとしても，財務会計以外の仕事も担当してもらわなければならない。これは，専門能力を有する人材の側としても，雇う側としても宝の持ち腐れとなる。したがって，このような専門能力が必要となる業務を一体的に民間事業者へ発注することで効率化を期待したものである。

　また，茨城県守谷市では，コンサルタント業務が含まれていることが特徴であり，維持管理業務での日々の管理データを施設の更新計画・設計に反映させることを意図したものである。また，事業期間も10年間となっており，長期的な目線での効率化も期待される。これは前述のウォーターPPP3.5の条件に合致すると考えられる事業であり，国内初の事業である。

**【図表4-1-2】上下一体包括委託の発注実績**

| | 事業体 | 事業名 | 事業期間 | 対象事業 | 受託企業 | 委託額（税込） |
|---|---|---|---|---|---|---|
| 1 | 石川県かほく市（人口約3.5万人） | かほく市上下水道事業包括的民間委託 | 5年間 R5.4～R10.3（4期目） | 水道、公共下水道、農業集落排水 | 西原・ヴェオリア・ジェネッツ・フジ地中・柿本 河北郡衛生特定業務委託共同企業体 | 16億3,900万円 |
| 2 | 栃木県高根沢町（人口3万人） | 高根沢町上下水道事業包括的業務委託 | 5年間 R5.4～R10.3（4期目） | 水道、公共下水道、農業集落排水、その他汚水処理施設 | 水ing・日光環境・ウォーターテックス高根沢町上下水道事業包括的業務委託共同企業体（第3期受託企業） | （提案上限金額）8億4,057万円 |
| 3 | 宮城県山元町（人口約1.25万人） | 山元町上下水道事業包括的業務委託 | 5年間 R2.4～R7.3（2期目） | 水道、特環公共下水道、農業集落排水 | 第一環境・水ingAM 特定共同企業体 | （提案上限金額）5億5,948万円 |
| 4 | 埼玉県戸田市（人口約14万人） | 戸田市上下水道包括委託 | 5年間 R3.4～R8.3（2期目） | 水道、流域関連公共下水道 | 第一環境・日立製作所・日立プラントサービス共同企業体 | 21億6,700万円 |
| 5 | 沖縄県宜野湾市（人口約10万人） | 宜野湾市上下水道事業包括業務委託 | 5年間 R3.4～R8.3（1期目） | 水道（全量受水）、流域関連公共下水道 | ぎのわん水道サービス合同会社（代表企業：宜野湾市管工事協同組合）構成員：株式会社沖縄水道管理センター、第一環境株式会社 ※SPC設立義務付 | 23億2,240万円（提案上限ベースでの内訳）水道16.1億円 下水道8.3億円 |
| 6 | 熊本県玉名市（人口約6.35万人） | 玉名市上下水道施設運転管理業務委託 | 5年間 R4.4～R9.3（2期目） | 水道、公共下水道 | 株式会社ウォーターエージェンシー | （提案上限金額）9億6,427万円（提案上限ベースでの内訳）下水道施設683,374千円 上水道施設280,900千円 |
| 7 | 奈良県奈良市（人口約36万人） | 奈良市東部地域における上下水道施設等包括的維持管理業務委託 | 2.5年間 H30.10～H33.3 | 水道、公共下水道、農業集落排水 | 神鋼環境ソリューション・神鋼環境メンテナンス・宇陀環境開発・管清工業・メタウォーター・アスコ大東共同企業体 | 5億5,500万円 |
| 8 | 茨城県守谷市（人口約7.15万人） | 守谷市上下水道施設管理等包括業務委託 | 10年間 R5.4～R15.3 | 水道、公共下水道、農業集落排水 | ウォーターエージェンシー・オリエンタルコンサルタンツ・中央設計技術研究所共同企業体 | 72億8,200万円 |

出所：各市公表資料を基に作成

【図表4-1-3】上下水道一体包括委託の業務内容

| | 事業体 | 水道 | 汚水処理 | 料金等 |
|---|---|---|---|---|
| 1 | 石川県かほく市（人口約3.5万人） | 運転管理業務、保全管理業務、その他業務（衛生業務、環境整備、安全衛生、災害復旧採水補助）、地域サービス関連対応、マニュアル整備、水質検査及び緊急時対応、4条関係及び管路関係を除く（漏水調査は含む） | 公共下水道施設維持管理業務、運転管理業務、保全管理業務、その他業務（同左）農業集落排水施設維持管理業務、運転管理業務、その他業務（同左）4条関係及び管路関係を除く業務 | 料金徴収・窓口関係業務 |
| 2 | 栃木県高根沢町（人口約3万人） | 水道施設の運転管理等に関する業務 4条関係及び管路関係を除く業務 | 公共下水道施設の運転管理等に関する業務、農業集落排水施設等の運転管理に関する業務、浄化槽（宅地内終末処理設備等）の運転管理に関する業務 4条関係及び管路関係を除く業務 | 料金徴収・窓口関係業務 |
| 3 | 宮城県山元町（人口約1.2万人） | 水道施設の運転管理、保全管理、廃棄物管理、環境整備、マニュアル整備、災害復旧時対応、第三者委託ではない | 特定環境保全公共下水道事業及び農業集落排水事業の運転管理、保全管理、その他業務（同左） | 料金徴収・窓口関係業務 |
| 4 | 埼玉県戸田市（人口約14万人） | 運転管理業務、保守点検業務、維持管理業務、小修繕業務、調達業務、閉庁時電話応対業務、上水道施設対応事務 4条及び管路関係を除く（漏水調査を含む） | 運転管理業務、保守点検業務、維持管理業務、小修繕業務、調達業務、閉庁時電話対応業務 4条及び管路関係を除く | 料金徴収・窓口関係業務（収支伝票、財務会計業務、予算書・決算書作成、決算統計作成、費税申告書等）、経営分析補助業務（配水量の分析補助、口径別料金収入分析補助、P認定・経営比較分析表等、事業統計作成） |
| 5 | 沖縄県宜野湾市（人口約10万人） | 管路維持管理業務（持続、給配水管修繕、配水池管理、消火栓管理）布設替に伴う給水管切替業務、維持管理修繕業務 4条以外の業務を含め第三者委託に委託している、漏水対応を含む、第三者委託ではない | 管・管きょ維持管理業務、施設管理業務、維持管理業務、水質・流量調整の対応 4条以外の業務を全体的に委託している | 料金徴収・窓口関連工事事業者関連支援業務、指定給水装置工事事業者関連支援業務、給水装置工事主任技術者関連支援業務、排水設備工事関連支援業務、指定工事店関連支援業務、除害施設・特定事業場関連支援業務、水洗化促進業務 |
| 6 | 熊本県玉名市（人口約6.3万人） | 運転業務、保守管理業務、水質分析業務、環境整備業務、保全管理業務、物品管理業務、修繕及び各種時の対応、小規模配水池等清掃業務 4条関係及び管路関係を除く業務 | 運転業務、保守管理業務、水質分析業務、環境整備業務、保全管理業務、物品管理業務、修繕及び各種時の対応、緊急時の対応 4条関係及び管路関係を除く業務 | （別途、別の企業へ委託） |
| 7 | 奈良県奈良市（人口約36万人） | 総括管理業務、郡山浄・月ヶ瀬地区水道施設点検維持管理業務、維持管理におけるICT構築検証業務、計画的改築等の業務に基づく任意業務 4条関係及び管路関係を除く業務 | 総括管理業務、東部地域終末処理場運転管理業務、日常的維持管理業務（一部区域の管理業務）、計画的改築等の業務、維持管理におけるICT構築検証業務に基づく任意業務、企画提案に基づく任意業務 | （別途、別の企業へ委託） |
| 8 | 茨城県守谷市（人口約7.1万人） | 運転管理業務、保守管理業務、廃棄物管理業務、コンサルタント業務（計画業務、設計業務、施工監理業務及び管路関係を除く業務）4条工事関係及び管路関係を除く業務 | 運転管理業務、保守管理業務、廃棄物、コンサルタント業務（計画業務、設計業務、施工監理業務）4条工事関係及び管路関係を除く業務 | （別途、別の企業へ委託） |

出所：各市公表資料を基に作成

## 4 ｜ 上下水道一体発注の拡大に向けて

　とはいえ，現状の上下水道一体の官民連携事業は数える限りであり，組織統合の団体数に対して1％程度に留まっていることからもよくわかる。より広範な範囲を対象とするPPP/PFIの発注を期待する民間事業者の側からしては，上下水道一体のPPP/PFIが自然発生的に生まれることを期待することは安易かもしれない。

　組織が一体化してもPPP/PFIが生まれない要因としては，水質に関する問題や前述の補助金に関する制度の違いなどがあると考える。水質については，水道水には含まれてはならない大腸菌などの病原菌が，下水道には含まれており，技術者が下水道と水道の現場を行き来することは難しい。したがって，一体発注によって効率化を実現できるという話は，特に現場の職員にとっては納得感が得られない。また，前述のGAIAプロジェクトの調査結果でも，統合後の組織編制としては，経営・事務部門は一体化しても，技術部門は別部門である団体が大層を占めていた。

　しかし，今後の上下水道における人材不足への対応を考えるうえでは，水道と下水道を分離発注することの非効率性を排除し，一体発注を推進していくことが求められることは間違いない。水道事業と下水道事業で別々に委託が発注され，1つの民間事業者がそれぞれの業務を運よく受注できればよいが，入札という公共調達プロセスがある以上それを望むことはギャンブルのようなものである。水道事業と下水道事業でそれぞれ別の民間事業者が受託した場合，それぞれの企業でまた事務の担当や計画の担当を配置することになる。当然ながらそれぞれの企業が守秘義務を負っているため情報の共有はされない。同じ時期に工事をするにしても，発注者である地方自治体の職員が間に入って調整を行う必要もある。

　これまでの人口増加社会で無尽蔵にマンパワーを割けることができた時代は問題なかったことでも，人口減少社会では限られた職員で事業を回していく工夫も求められる。水道と下水道の一体発注は，今後さらにその必要性が増してくると考えられ，事業を増やすためには国によるさらなる支援も求められよう。

第2章

ケーススタディ解説

## 1 | 包括委託

### （1） かほく市上下水道事業包括的民間委託

　かほく市では，2005年から始まった市全体の人員適正化計画によって2012年までに上下水道部の職員が8名減（4割減）になった等の理由により，特に水道事業において，事後保全的な対応や残留塩素濃度のバラつきが大きいなどの点が課題として顕在化しており，これらの課題解決が必要とされていた。このため，経営の効率化や維持管理水準（サービス品質）の確保が求められたという。また，かほく市は人口約3.6万人と小規模な地方自治体であり，水道事業，下水道事業ともに単独では事業規模が小さいことから，過去10数年間で複数事業を連携させた包括的民間委託を段階的に拡大してきている。

　当初（第1期）は，下水道事業に加え，農業集落排水事業を束ねた包括的民間委託を実施していた。第1期終了後，第2期の包括的民間委託では，下水道事業，農業集落排水事業だけでなく，水道事業とも連携して包括的民間委託を形成し，事業の効率化・コスト削減を実現している。また，第2期では契約期間を5年としたことで，民間事業者側ではより安定した雇用を確保できるほか，複数年契約での薬品等の一括購入によるコスト削減や，契約規模の増大による

一般管理費率等の削減も併せて約75,000千円のコスト削減（5年間918,000千円から843,150千円へ削減）を実現している。

　さらに第3期では，水道事業の管路施設，料金関係業務を対象業務に含めており，窓口業務を委託範囲とすることで，民間事業者から「時間外対応」等の提案があり行政サービス向上に寄与した。また，修繕費を大幅に増額することにより，民間事業者が市予算にとらわれることなく維持管理目線で計画修繕を実施できることや，下水道管路の調査と修繕をともに含めることで調査と修繕が別業者となることを防ぎ，迅速で効率的な対応を実現している。

　かほく市では，上下水道を一体発注にすることで，契約規模の増大による一般管理費等の削減ができることや，大手民間企業を引き付けることで大手企業が有するノウハウを活用することができ，水質の向上にもつながったといわれている。現在は第4期に入り，事業が確実に続いていることからも，官と民がうまく連携し，一定の効果が得られていることがうかがえるだろう。

【図表4-2-1】　かほく市における包括的民間委託の変遷

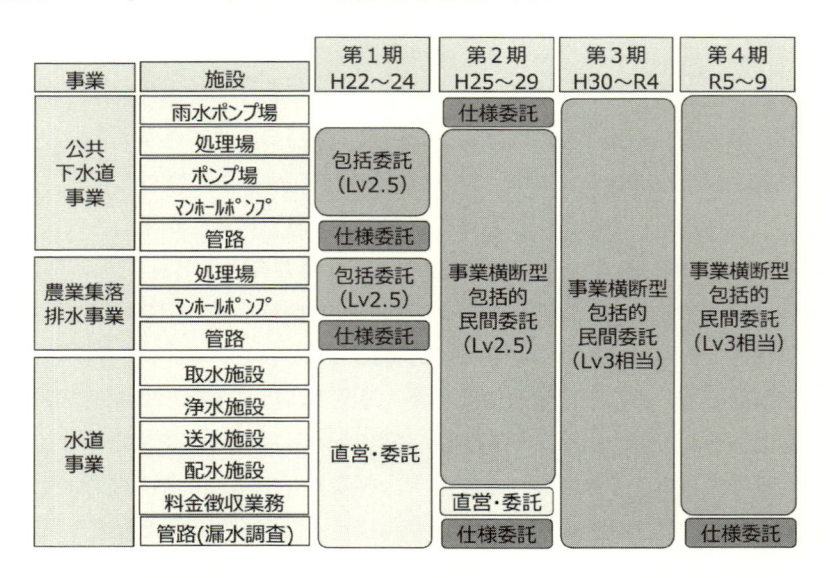

出所：かほく市産業建設部上下水道課「農集・上水道・下水道事業一体の包括的民間委託について」
　　　2022年11月22日

## （２）　茨城県守谷市：上下水道施設一体の更新支援型

　茨城県守谷市では，2023年４月１日から2033年３月31日までの10年間，水道施設（守谷配水場および関連水道施設），下水道施設（守谷浄化センターおよび関連ポンプ場），農業集落排水施設（西坂戸井地区農業集落排水処理施設および関連ポンプ場）の運転維持管理および上下水道に関するコンサルタント業務を包括的に委託する守谷市上下水道施設管理等包括業務委託を実施しており，本事業は，ウォーターPPPレベル3.5における更新支援型の１号案件とされている。

【図表４-２-２】守谷市における包括的民間委託の拡張

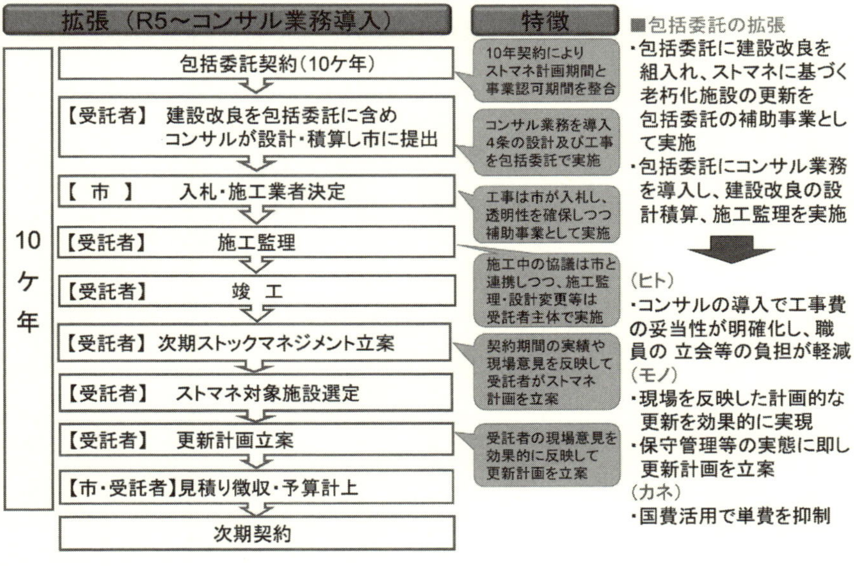

出所：守谷市「令和４年度　第１回　守谷市上下水道審議会資料」2022年７月21日

　本事業では，予算項目を横断した効率的な管理運営による事業費の削減（３条・４条予算の最適化），コンサル業務導入による交付金や補助金活用の最適化，O&M企業とコンサル企業連携による効率的かつ実効性の高い事業運営，

維持管理情報に基づく効果的な修繕計画，ストックマネジメント，アセットマネジメント計画立案を目指している。

　維持管理とコンサルタント業務を長期的に包括委託することで，O&M企業とコンサル企業連携については，維持管理で得た情報を更新計画等に適時に反映し，効率化が図られることに加え，発注者である地方自治体にとっても業務ごとに発注者がバラバラで調整が困難であった点が解消されるというメリットがある。また，O&M企業とコンサル企業の連携が密になったことに加え長期契約であることによって，維持管理情報と施設に関する情報を一元管理するためのデータベース構築のための投資も可能となった。

　なお，本事業ではプロフィットシェアも導入されており，民間事業者の改善提案による委託料の減額分を，公共側と民間側でシェアする条項が契約に織り込まれている。

【図表4-2-3】守谷市におけるプロフィットシェア

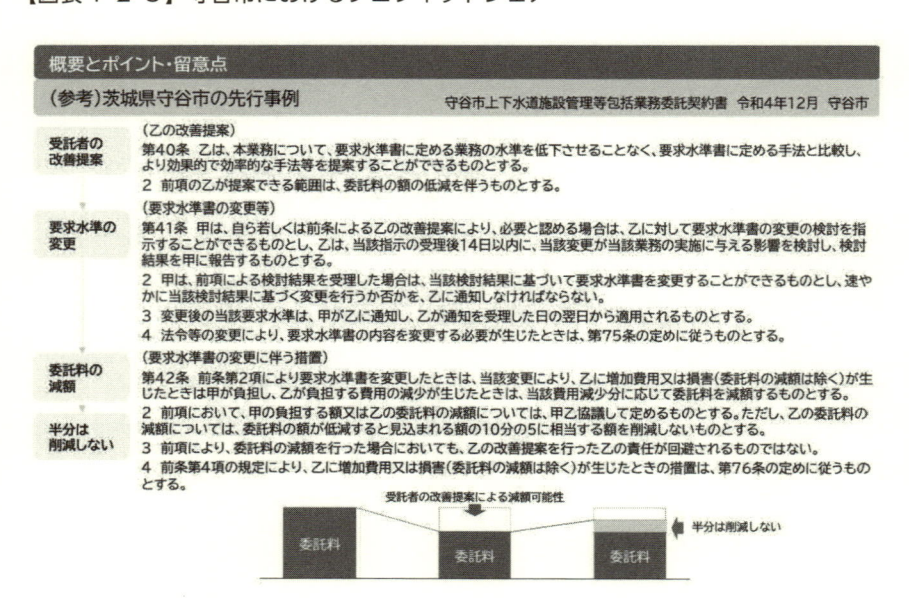

出所：国土交通省「第34回下水道における新たなPPP/PFI事業の推進に向けた検討会」2023年11月

## 2 ┃ コンセッション（みやぎ型管理運営方式）

みやぎ型管理運営方式は，事業区域が異なる水道用水供給事業2事業（大崎広域水道，仙南・仙塩広域水道事業），工業用水事業3事業（仙台北部工業用水道事業，仙塩工業用水道事業，仙台圏工業用水道事業），流域下水道事業4事業（仙塩流域下水道事業，阿武隈川下流流域下水道事業，鳴瀬川流域下水道事業，吉田川流域下水道事業）の合計9事業一体によるコンセッションを活用した官民連携運営方式である。

宮城県が事業の最終責任を持ち公共サービスとしての信頼性を保ちながら，事業の一体運営によって民間の力を最大限活用することによって，経費削減，更新費用の抑制，技術継承，技術革新を図ることを目的としている。

全国的に水道事業を取り巻く経営環境は厳しさを増しており，宮城県においても人口減少による利用料金収入の減少，節水機器導入による水需要減少，設備管路の大規模更新が不可欠という厳しく，将来の料金上昇は避けられない状況であった。

みやぎ型管理運営方式導入以前は，委託期間が短期であり民間事業者の従業員の雇用が不安定であることに加えて，人材育成が困難であった。また，各事業を個別に委託していたことから，スケールメリットが働きにくい状況であった。さらに，受委託の関係から行政が決定権を有するため，民間ノウハウ活用が限定的であった。

みやぎ型管理運営方式の導入によって，事業期間を20年とし，民間事業者における従業員の雇用が安定化するほか，人材育成や技術継承・技術革新が可能となる。上水道・工業用水道・下水道事業を一体で発注することで，事業規模が大きくなり，スケールメリット発現が期待される。コンセッション方式により民間事業者の自由度も拡大するため，コスト削減や新技術導入等も可能となる。

みやぎ型管理運営方式導入によって，20年間の9事業合計の事業費は，宮城県が現状のまま事業を行うケースに比べて，県と民間事業者合わせて337億円（10.2%）削減されることが見込まれる。

　ICT機器導入や業務効率化により組織体制最適化による人件費の削減，下水処理場の散気装置を高効率なものに改築する等，新技術導入による消費電力削減・抑制，また，単に耐用年数で更新を判断せずセンサー類を活用した設備異常の常態監視による設備の長寿命化や監視状況に即した効率的な修繕の実施による更新投資の削減が期待できる。

　こうした効果が発揮できた背景としては，契約期間が20年間と長期であったことで，投資を回収することが可能であること，9事業一体運営によりスケールメリットが生じたことがある。

**【図表4-2-4】宮城県 統合型広域監視制御システムの導入**

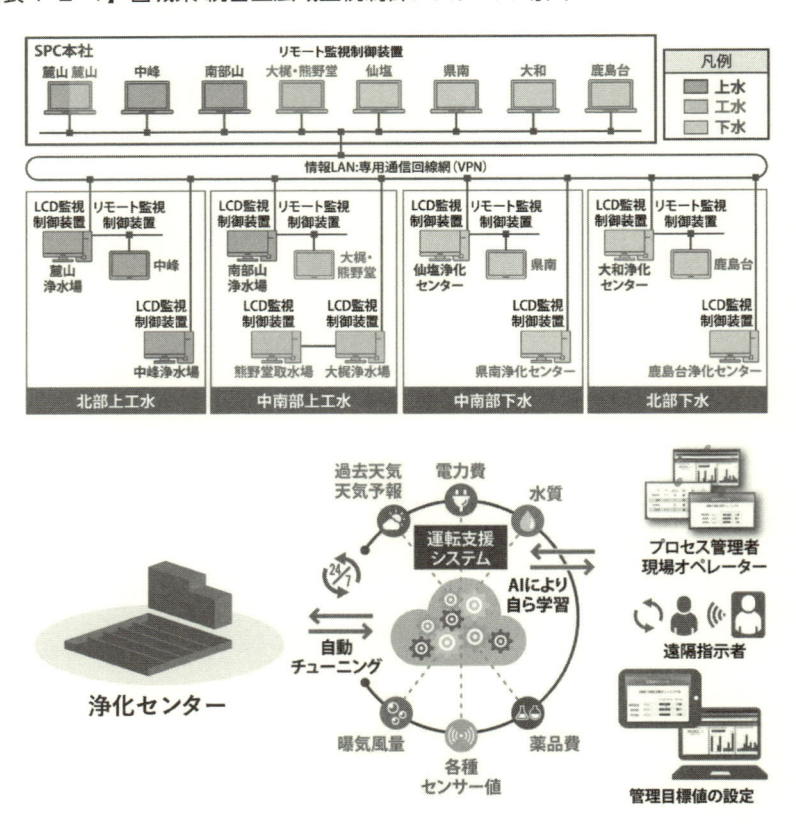

出所：宮城県「宮城県上工下水一体官民連携運営事業（みやぎ型管理運営方式）に係る優先交渉権者（メタウォーターグループ）の提案内容について」2021年5月

# 第5部

## 事例で見る
## PPP/PFIの効果，
## 成功に向けたポイント

第1章

## PPP/PFIの効能・効果

　本章では，これまでの長期にわたるPPP/PFIの歴史や事例を振り返って，PPP/PFIによってもたらされた効果・効能はどのようなものであったのかを数多くの先行事例をまとめながら考えていきたい。

## 1 ｜ 新技術の活用

　PPP/PFI事業では，単年度・単一・仕様発注による委託と異なり，長期・包括・性能発注であることから，各民間事業者が保有する新技術の導入が活発に行われることが特徴である。これまでも言及してきたような位置エネルギーを活用した無動力の膜ろ過などはこれらの例の1つであるが，浄水場や下水処理場，広範囲に及ぶエリアを包括的に管理していることから，現場を活用した実証・開発も積極的に行うことができることも民間事業者にとって魅力の1つである。ここでは，いくつかの具体的な事例を基に，どのような新技術が活用されているかを見てみたい。

## （1）　薬品注入の適正化（大牟田・荒尾共同浄水場施設等整備・運営事業）

　福岡県大牟田と熊本県荒尾市の大牟田・荒尾共同浄水場施設等整備・運営事業（DBO方式）は，2つの県境をまたぐ地方自治体が浄水場を共同で整備することで有名な事業である。加えて，当該浄水場は浄水場全体を整備するDBO事業としても，国内でまだ数える限りの事業であったことから，民間事業者のなかでもあらゆることが手探り段階であった事業である。

　本事業では，メタウォーター株式会社を代表とするコンソーシアムが落札者となっており，セラミック膜を活用した浄水処理方式が採用されている。民間事業者からの提案では，粉末活性炭をさらに細かく粉砕した微粉炭の活用により臭気等の除去効率を向上させることが計画されていた。この計画は実際に運用されているものの，浄水場運用開始後も水質に合わせたカスタマイズが現場でも繰り返し行われたそうである。このなかには，当時最新鋭の凝集剤である高塩基度PACの活用に関する検討も含まれるそうである。

　これによって膜ファウリングを抑制する運転を究明して改良がなされ，薬品類の注入方法や天日乾燥床の効率的な運用に繋げたとされている。また，結果として当初の提案でもあった「導水残圧を動力源とした膜供給ポンプを使わない浄水設備」の提案が実現し，膜差圧が上がっても電力を消費しない多大なメリットを両市が享受できる浄水場が運用されている[39]。

　この効果が生まれた要因には，やはり仕様発注ではなく，長期の性能発注（入口と出口の水質・水量要件を規定し，細かい仕様は定めず民間提案に委ねる）を採用したことがあろう。また，運転・維持管理に関する市からの支払額を固定費払いとしたこともう1つの要因だと考える。運転・維持管理業務の支払いが固定（運転・維持管理にかかる事業費を期間にわたって均等払い）であれば，民間事業者にとっては日々のコストを安くするとそれだけ収益は改善することに繋がり，そのインセンティブが働く。また，長期であるがゆえに，

---

39　https://www5.cao.go.jp/keizai-shimon/kaigi/special/reform/koukyou/03_kouikika/pdf/
　　2018arao.pdf

投資回収期間も長く確保することもできるし，時間をかけて実証することで処理の安定性にも寄与するだろう。さらに，このような新技術が生まれることは，その後の他の地方自治体でも活用が見込まれ，上下水道事業全体にとって好ましいことではないだろうか。

　しかし，固定費払いのため，このコスト削減効果を両市は享受できない。したがって，発注者としてはプロフィットシェアなどを導入し，提案時の想定以上の効果が得られたものに対しては，実験機場を提供した発注者と受注者の双方で利益をシェアするといった考えが生まれることも当然である。プロフィットシェアは短期的に効果を発揮する部分もあるが，新たな技術を検討する民間事業者のインセンティブを削ぐ結果につながる可能性があるという点にも留意が必要である。

　長期の性能発注かつ固定費払いのPPP/PFIによって，効率化に関する新技術の種が生まれる。一方で発注者はその経済的効果を十分に享受できないというジレンマを解決するためには，PPP/PFIを採用する地方自治体に対する国からの追加的な支援を検討することも一考であろう。これまでも国からの財政支援メニューは多く用意されているが，新技術が生まれることによる国全体への波及効果というもことも考慮に入れてもよいのではないだろうか。

## （2）　デジタル技術の開発・導入（株式会社水みらい広島）

　次は広島県と水ing株式会社が共同出資して設立した第三セクター（株式会社水みらい広島（以下，「水みらい広島」という）での技術開発に関する事例について取り上げることとする。具体的な話に入る前に，まずは取り上げる事例の事業概要について説明したい。水みらい広島は，広島県が第三セクターの設立にあたってパートナー募集を行ったうえで選定された民間事業者（水ing株式会社）と2012年9月21日に共同出資して設立された会社である。設立の趣旨は，「公と民がそれぞれの得意分野を生かすことによって，安心，安全，良質な水の安定供給を基本に，県営水道事業の運営基盤の強化，市町水道事業の管理の一元化を進め，県民・企業から信頼される持続可能な水道事業の実現に貢献し，広く水道事業の一翼を担うとともに，新たな収益源の確保により，地

域経済の発展・活性化に寄与する」[40]とされており，県営の水道事業だけでなく，市町村の水道事業も対象とした広域的な事業展開が想定されている。また，その主な業務内容は，水道施設などの運転，維持管理や，水道などに関するコンサルティング業務，人材育成・研修業務などとなっている。

　地方自治体と第三セクターの大きな違いは，その機動性にあると考える。地方自治体では，民間事業者と連携を図るうえでは，公平性・競争性が重視され，特定の民間事業者と物事を進めるための準備に時間がかかる。公平性・競争性が重要であることは間違いないが，一方でスピード感に欠けるといった点や特定の課題解決に特化した技術を採用し辛いという欠点もある。第三セクターでは，民間事業者も出資した株式会社であり，新しい技術開発の発想が生まれやすく，開発が進めやすいといった利点があることに注目したい。

　水みらい広島では，その機動性を活かし，株式会社日立製作所と連携することで広島県から「広島県水道広域運転監視システム構築業務」を新しく受託することとなった[41]。具体的には，県営浄水場の施設運転監視において，既存の電機システムに依存しない方法（水道情報活用システム標準仕様に準拠）により，各浄水場を一元的に監視制御するシステムを構築し，順次，このシステムに移行し運用を開始することとなっている。また，このシステムは，水みらい広島が開発し保有する技術を利活用することで，ベンダーロックイン[42]を解消しあらゆるメーカーのシステムを管理できるようにする仕組みとするとされている。監視制御システムのベンダーロックインの問題は，近年国の会計検査院も問題視している[43]ものであり，一部では上下水道事業におけるコスト増加の要因という指摘もあるところである。

　このように，従来の発想に捕らわれず，新しい技術を取り込むことができる

---

**40**　広島県ウェブサイト　https://www.pref.hiroshima.lg.jp/site/kigyo/mizumiraikaisetsu.html（アクセス日2023年11月18日）

**41**　株式会社水みらい広島ウェブサイト　https://www.mizumirai.com/news/628/（アクセス日2023年11月18日）

**42**　整備を行った情報システムについて，特定の販売会社や情報システムの開発会社（ベンダー）の製品，サービス等に囲い込まれ，他社の参入が困難となる状況

**43**　会計検査院法第30条の3の規定に基づく報告書「政府情報システムに関する会計検査の結果について」等を参照のこと。

という点では，第三セクターを活用することも１つの手段ではないだろうか。

## 2 ｜ 地元人材の雇用（地元雇用の受け皿会社）

PPP/PFI活用によって，地元人材の雇用創出に寄与するケースもある。以下，みやぎ型管理運営方式と水みらい広島の取組みについて触れる。

### （1）　みやぎ型管理運営方式

みやぎ型管理運営方式の運営権者は，経営・技術企画・改築を主に担うSPCに加えて，SPCから委託を受けて維持管理業務を行うための新地域水事業会社（新O&M会社，みずむすびサービスみやぎ）を宮城県内に設立した。新O&M会社は，コンセッションの事業期間（20年間）を超えて県内に存続することが可能であり，SPCと一体で事業を担うほか，無期限の水専門企業として地域人材を直接雇用することによって，長期的な視点でプロフェッショナルの育成を目指している。永続的な企業として，従業員の長期的なキャリア形成を支援する等，地元人材にとって魅力的な就職先となる事業運営に取り組み，コンセッションの事業期間終了後も県内に人材やノウハウ，技術を根付かせることが可能となる。

### （2）　水みらい広島

水みらい広島では，「水道を支える人材を育成する」をミッションとして掲げており，広島県からの現職派遣および水ingからの現職出向に加えて地元人材をプロパー採用（水みらい広島の社員として採用）し，県全体に水道技術者を残すことを目指している。

そして，ITを活用したシステムを導入し，点検業務や修繕業務の見える化を実現し，タブレット端末によって情報を共有することで，業務の効率化だけでなく業務の均質化やノウハウの標準化を図っている。

　また，1年間で29種類全64回の研修を実施し，技術力向上や視野の拡大，外注業務の内製化，危機対応能力向上，県内の工業高校等の新卒者採用による雇用の創出・地域経済への貢献を実現し，2017年時点で新卒のプロパー25名，中途のプロパー50名の採用を行っている。

**【図表5-1-1】水みらい広島の採用状況**

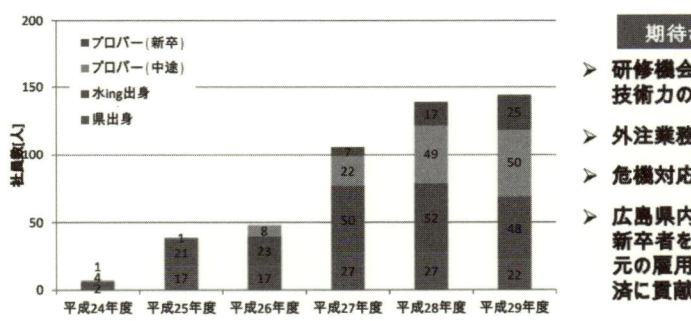

出所：広島県「水みらい広島の取組み」内閣府　広域化・共同化等に係る先進・優良事例集（2017年）

## 3 ｜ 地元企業の活用

　第2部および第3部でも述べたように，多くのPPP/PFIでは地元企業がコンソーシアムに含まれることがある。ここでいう地元企業の定義は事業によって異なるが，一般的には市町村発注の事業であれば，各市町村内に本社を置く企業である。地元企業の業種としては，主に建設系や維持管理系の業務を担う建設業が多い。DXが進むことによって直接人手を介在させることを減らすことはできるが，どんなにDXが進もうとも，実際に施設に触れる人の手の介在がまったくなくなることはない。特に，設備を設置したり，管路を敷設したりする仕事は，これまでも地域の建設会社が担っていることが大半である。

　地元企業が関与するメリットは他にもある。例えば，地理的近接性や特性を把握していることから，緊急対応の際に速やかな現場駆け付けや応急復旧対応

が可能となる。拠点が遠くにあればあるほど，緊急時の現場駆け付けには時間がかかるし，都市部であれば交通渋滞にも巻き込まれるかもしれない。また，非常に定性的な話であるが，地元企業だからこそ自らの水道・下水道という意識も強くなり，社員の意欲向上にも寄与することも考えられる。

　このように，PPP/PFIであろうとなかろうと，地元企業との連携は上下水道事業者にとって住民へサービスを提供し続けるうえでの生命線となる。つまり，地元企業からそっぽを向かれることが，上下水道事業者にとって足元の工事・維持管理を確実に遂行していくうえでのリスクとなるわけである。そのため，地元企業にどのような形・部分で事業に参画してもらうかを考えることは，地方自治体職員に課せられた使命であろう。以下では，地元企業をうまく巻き込んだ，会津若松方式と呼ばれる福島県会津若松市の官民連携事業と熊本県荒尾市の包括委託について述べたい。

## （1）　会津若松方式（滝沢浄水場更新整備等事業）

　会津若松方式は，大手企業の技術力と地元企業の特性をうまく掛け合わせた事業である。大手企業が担う業務は，高度な技術力を有する浄水場の運転管理に集約させ，地元企業は浄水場の整備の補完的役割と管路の維持管理を含めた役割を担っている。

　会津若松方式は，現在は滝沢浄水場更新整備等事業（DBO方式）で活用されているが，元は運転・維持管理を中心とした第三者委託を実施するために考えられた方式である。第三者委託は，水道法に定められる技術的な責任を委託先が負う委託方式である。会津若松市は，この委託方式を浄水場と管路を含めた水道事業のすべての施設を対象として発注することを考えていた。しかし，浄水場と管路を別々の契約で発注すると，浄水場と管路の間で責任主体が分かれてしまい，何かあった際の責任の所在が不明確になってしまう懸念があった。一方で，浄水場と管路を一体的に発注してしまうと，大手の民間事業者の提案次第で，地元企業が担う領域が少なくなる懸念もある。これらの二項対立をうまく解消に導いたのが会津若松方式である。

　具体的には，会津若松方式では，浄水場の運転・維持管理業務（DBOでは

浄水場の施設整備・運転維持管理業務）と管路の維持管理業務を別々の事業として発注する。それぞれの事業で選定された事業者が選定後に一体となってSPCを設立し，市はSPCとの間で浄水場と管路の業務を一体とした契約を行うという方式である。受託後決められた相手と強制的にSPCを作らせられることは民間事業者にとってはリスクであることは事実である。事業を成立させるためには，市としてもある程度先行した情報開示を行いながら，民間事業者側と地元企業側である程度検討を深められる期間を設けるといった配慮なども必要であろう。

## （2）　荒尾市水道事業包括委託

　次に荒尾市の水道事業包括委託における地元企業の活用の例について紹介したい。

　荒尾市では，水道事業における包括委託事業を2016年度から開始しており，現在2期目の事業を実施しているところである。この包括委託事業を実施するにあたり，選定された民間事業者のコンソーシアムがSPCを設立しているが，このSPCに市内の管工事を行う企業によって設立された荒尾市管工事共同組合が出資参画している。また，同組合に所属する地元の管工事会社も協力会社（SPCへの出資はしていない会社）として事業に参画している。

　荒尾市管工事共同組合が出資参画することによる効果としては，「管工事組合が包括委託先の株主になり，SPCの経営方針等に参加できるようになったので，水道事業そのものに若干なりとも意見考えを伝えることができた」等といった好意的な声が地元企業から上がっている。また，地元企業が協力会社として参画することについては，「人材雇用の面で安定性が増した」，「発注時期が分かるので人材の配置等がやり易くなった」といった意見が聞かれる[44]。

　この事業スキームを実現できた要因としては，公募の段階で荒尾市側から管工事協同組合を何らかの形でコンソーシアムに含めることを提案グループへ義

---

44　「包括委託を導入したことによる　荒尾市水道事業等への評価及び検証報告書」（EY新日本有限責任監査法人，2019）https://www.city.arao.lg.jp/pdf/dlPq=59559_filelib_0ea86ddae304a5c309a5e765aa982596.pdf

務付けたことが大きいと考える。具体的には，公募要領の「応募者の構成等」の項目において「水道施設における緊急性を有する維持管理の技術，ノウハウ及び実績ならびに災害時における水道の応急対策に関する協定書を締結していること等を勘案し，荒尾市管工事協同組合を応募グループの構成企業として参画させるものとする」と規定している。また，事業者選定基準においても地域貢献を評価項目とし，「市内企業及び人材の活用の内容及び具体性」を評価の視点として規定している。同組合をどのような形で応募グループに含めるかまでは規定しておらず，その具体性は民間提案に委ねている建付けである。これまでも地元企業の参画の義務付けについては，競争性の観点で一定の配慮が必要な事項である。このため，義務付けの範囲は限定した部分に留め，あとは民間事業者からの提案を求める形を取ることで，地元企業をうまく事業に参画させることを実現させている。

　地元企業の目線としては，これまで自社が市から直接仕事を請けていたところに対し，縁もゆかりもない企業が代わりに関与することについての一種のアレルギー反応のようなものも十分予想される。ところが，荒尾市では会津若松市と同様に，市との直接の接点を残す仕組みを導入したことで，これを緩和することに成功している。また，これまでの単年度の工事発注から長期の包括委託に切り替えることで，地元企業にとって今後の事業量の見通しが立てやすくなり，社員の安定雇用にも寄与するという副次的な効果も生まれている。このように，上下水道事業の持続可能な経営を維持するためには，地域に合わせた地元企業との関わり方を考えることは避けては通れず，各地方自治体において地元の事情を踏まえた検討が求められるところである。

## 4 ┃ 3条・4条合築によるコスト縮減

　維持管理と改築更新を一括発注することにより，民間事業者の創意工夫によってコスト削減が図られることがある。

### （1）　浜松市下水道事業（コンセッション事業における民間の創意工夫）

　浜松市の下水道事業コンセッションでは，運営権者である浜松ウォーターシンフォニー株式会社が自己負担による消臭剤自動添加システムを導入した[45]。これによって運営権者は消臭剤使用量を前年比から9.2％削減でき，維持管理費のコスト削減に成功している。運営権者にとっては，自動添加システム導入した場合としない場合のライフサイクルコスト（LCC）比較によって，導入することが経済的であると判断を行った結果である。

　コンセッション事業は，下水道使用料をベースに運営権者が利用料金を収受できる制度であるため，運営権者は下水道事業者と同じように利用料金以上の収入を得られない仕組みである。従来のPFI方式（BTO等）・DBO方式では，運営期間中の管理コストは自治体から固定費として支払われるため，民間事業者にとってはコスト削減のインセンティブが働かない。一方のコンセッション事業は，利用料金をベースに事業を組み立てることから，設備投資を行うことで事業費全体を削減（投資額以上の維持管理費を削減）することができるのであれば設備導入する方が得である。このようにコンセッション事業は，民間の技術力を最大限に活かすことが可能なスキームであるといえる。

---

**45**　https://www.mlit.go.jp/mizukokudo/sewerage/content/001377290.pdf

**【図表5-1-2】浜松市における消臭剤自動添加システム**

消臭剤自動添加システム
生物脱臭設備の入口のH$_2$S 濃度と泥温に連動して添加量を最適化する仕組み。

出所：静岡県浜松市「日本初浜松市の下水道運営委託方式（コンセッション方式）の現状について」
　　　国土交通省　第23回下水道における新たなPPP/PFI事業の促進に向けた検討会（2020年）

## （2）　大船渡市

　大船渡市の下水道事業は，1994年10月に供用が開始された。しかし，計画に対して整備率が低く，今後もしばらく管路・施設整備が必要であること，処理水量が毎年増加しており，早急に処理能力増強が必要であること，また，人口減少に伴い使用料収入減少が見込まれる一方，施設・管路の更新等の事業運営コスト増大が不可避であるという課題を抱えていた。

　そこで，2018年4月から2023年3月まで，大船渡浄化センターおよびマンホールポンプを対象に，大船渡浄化センター施設改良付包括運営事業が実施された。本事業では，従前の計画であった処理系列の増設ではなく，高効率の処理方式導入により，想定される流入汚水量の増加に早急に対応するとともに，施設の改築・更新と維持管理とを包括して民間事業者に委託することによって，より効率的な下水処理場の運営を図ることを目的としていた。

【図表5-1-3】大船渡市における従来方式と新方式

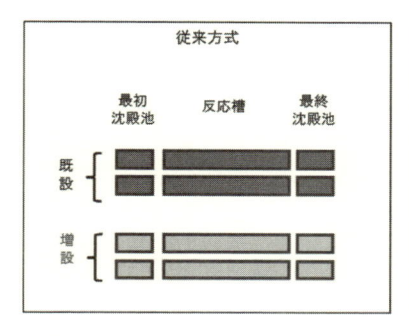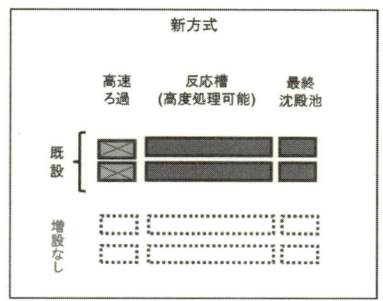

出所：岩手県大船渡市「大船渡浄化センター施設改良付包括運営事業の取組みについて」国土交通省
第18回下水道における新たなPPP/PFI事業の促進に向けた検討会（2019年）

　事業実施により，2系列の増設が不要となったことから施設整備費が27億円削減されることに加えて，運転管理・保守点検・修繕業務の連携等によってライフサイクルコストが最小化され，維持管理費も6,400万円の削減が見込まれた。なお，2024年4月から2026年3月まで，第2期事業として大船渡浄化センター等包括運営事業が実施される予定である。

【図表5-1-4】大船渡市において期待される効果

|  | 従来方式 | 新方式 | 期待される効果 |
|---|---|---|---|
| 大船渡浄化センターの処理能力 | 3,200㎥/日×4系列（既存2系列を同じ方式で2系列増設） | 3,200㎥/日→6,400㎥/日×2系列（既存2系列の改造や処理方式の変更による高効率処理） | 2系列の増設不要 |
| 施設整備費による試算 | 約4,453百万円 | 約1,745百万円 | 削減額約2,708百万円 |
| 維持管理費による試算 | 約753百万円 | 約689百万円 | 削減額約64百万円 |

出所：岩手県大船渡市「大船渡浄化センター施設改良付包括運営事業の取組みについて」国土交通省
第18回下水道における新たなPPP/PFI事業の促進に向けた検討会（2019年）

## （3）　大牟田市・荒尾市

　大牟田市と荒尾市は，ともに社水（三池炭鉱専用水道）を市の水道に切り替える水道一元化を推進してきており，共同で共同浄水場を整備し，市民に安全で安定した水道水を長期にわたり供給していくために，大牟田・荒尾共同浄水場施設等整備・運営事業を実施している。

　本事業では，共同浄水場の建設および維持管理と共同浄水場以外の水道施設（井戸・配水池・ポンプ場・水質モニター等）の維持管理をDBO方式で実施し，設計・建設期間は，2009年4月から2012年3月の3年，維持管理期間は，2012年4月から2027年3月の15年となっている。

　本事業実施により，設計・工事および維持管理の効率化やサービス水準向上，適切なリスク分担による安定性・安全性向上が期待され，事業発注時点でのVFMは13%と試算されており，通常発注では92億円の事業費であったところ，DBO方式では80億円と試算され，12億円の効果が見込まれている。

【図表5-1-5】大牟田市・荒尾市の構成企業

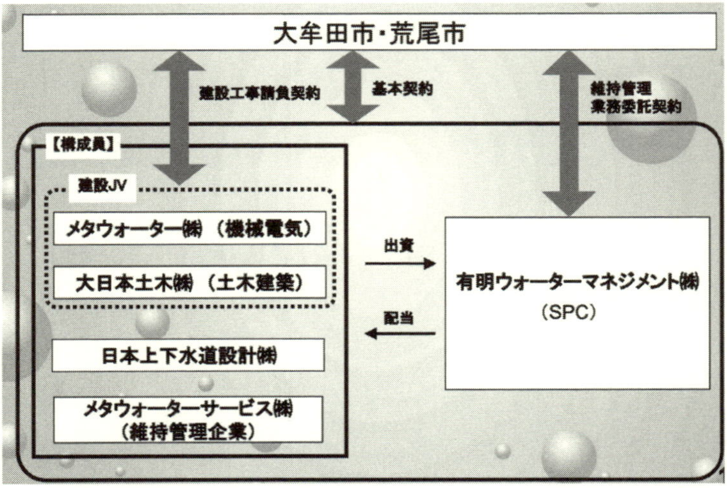

出所：熊本県荒尾市「県境を越えた「ありあけ浄水場」整備・運営事業について」内閣府　広域化・共同化等に係る先進・優良事例集（2018年）

　本事業実施による具体的な効果として，膜ファウリングを抑制する運転を究明した改善や，薬品類の注入方式および天日乾燥床の効率的な運用といった民間事業者の創意工夫が発揮された。両自治体は，導水残圧を動力源とした膜供給ポンプを使用しない浄水設備の提案は，膜差圧が上がっても電力を消費しないという大きなメリットがあること，既存水道施設の維持管理にも民間事業者の技術的信頼性が高いことを評価している。

　また，両自治体にとって，事業推進における相談役と技術的に信頼できるパートナーを得ることができたことを官民連携のメリットとして挙げている。

**【図表5-1-6】大牟田市・荒尾市のセラミック膜ろ過方式**

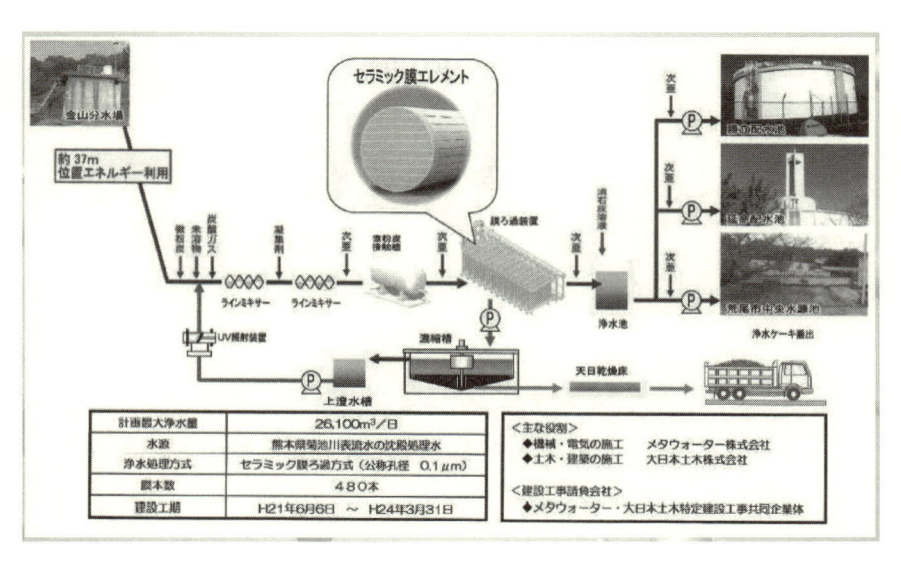

出所：熊本県荒尾市「県境を越えた「ありあけ浄水場」整備・運営事業について」内閣府　広域化・共同化等に係る先進・優良事例集（2018年）

## （4）　富士市

　富士市では，老朽化施設の増加や使用料収入減少，維持管理費の増大に対処するため，市側の組織・業務量の減量や効率化，民間事業者の創意工夫による業務の高度化および効率化を目的として，2004年8月に処理場運転管理に包括的民間委託を導入し，現在は第5期目の業務を実施している。

**【図表5-1-7】富士市の包括的民間委託の変遷**

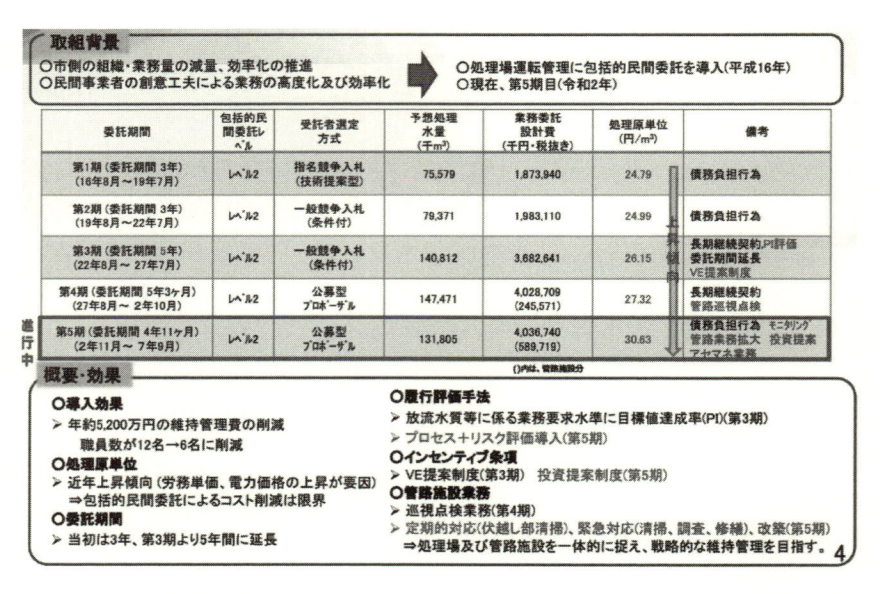

出所：静岡県富士市「包括的民間委託の導入効果の事後検証について」国土交通省　第24回下水道における新たなPPP/PFI事業の促進に向けた検討会（2021年）

　包括的民間委託導入によって，ストックマネジメントに資するデータ構築を見据えた巡視・点検計画策定や巡視・点検を実施し，劣化予測分析や今後の調査計画の改善等へ活用が図られるようになった。また，第4期包括的民間委託において管路施設約550kmの巡視・点検を行い，結果をデータベース化してストックマネジメントの導入基礎検討を実施した結果を富士市包括的民間委託管路維持管理方針としてとりまとめを行っている。

**【図表5-1-8】富士市包括的民間委託管路維持管理方針**

> - 富士市の下水道事業は、管路延長約900kmと膨大なストックを抱える状況。
> - 将来にわたり持続的な下水道のサービスレベルの確保を目指して、現状の施設状況を把握して戦略的な対策方針の策定が必要。
> - そのため、第4期包括的民間委託において、管路施設約550km程度の巡視・点検を行い、その結果をデータベース化し、ストックマネジメントの導入基礎検討を実施。

- 今後も、本市の予算限度額の範囲内において、市全域のリスクの低減とライフサイクルコストの削減の最適なバランスを達成するために、本委託の終了以降においても、上記の取り組みを継続的に実践し、適宜改善することが必要。（ストックマネジメントの定着）
- 本委託の取り組みを「富士市包括的民間委託管路維持管理方針」としてとりまとめた。

表　富士市包括的民間委託管路維持管理方針　目次抜粋

| 1　巡視・点検計画の立案 | 3　巡視・点検結果の分析評価及びストックマネジメント計画への反映 |
|---|---|
| 2　現地巡視・点検の実施 | 3.1　ストックマネジメント計画におけるリスク評価への反映 |
| 2.1　巡視・点検項目及び判定基準の設定 | |
| 2.2　巡視・点検方法の選定 | 3.2　ストックマネジメント計画における劣化予測分析への反映 |

14

出所：静岡県富士市「包括的民間委託の導入効果の事後検証について」国土交通省　第24回下水道における新たなPPP/PFI事業の促進に向けた検討会（2021年）

　第5期包括的民間委託では，予防保全型維持管理をさらに推し進めるため，緩効性業務や管布設替業務といった4条業務を加えるとともに，全体に係る業務としてアセットマネジメント業務や連絡調整業務を追加している。

　第5期包括では，設備保全の合理化が一層進んでおり，例えば電気計装設備で実施した保全合理化検討を機械設備や他の電気設備に展開することで，3条・4条予算削減に向けた検討が行われている。

**【図表５-１-９】富士市包括的民間委託全体像**

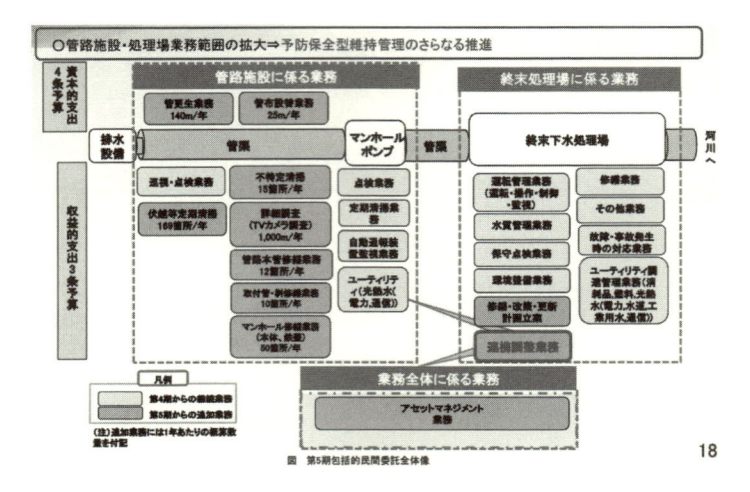

出所：静岡県富士市「包括的民間委託の導入効果の事後検証について」国土交通省　第24回下水道における新たなPPP/PFI事業の促進に向けた検討会（2021年）

**【図表５-１-10】富士市３条・４条予算の削減**

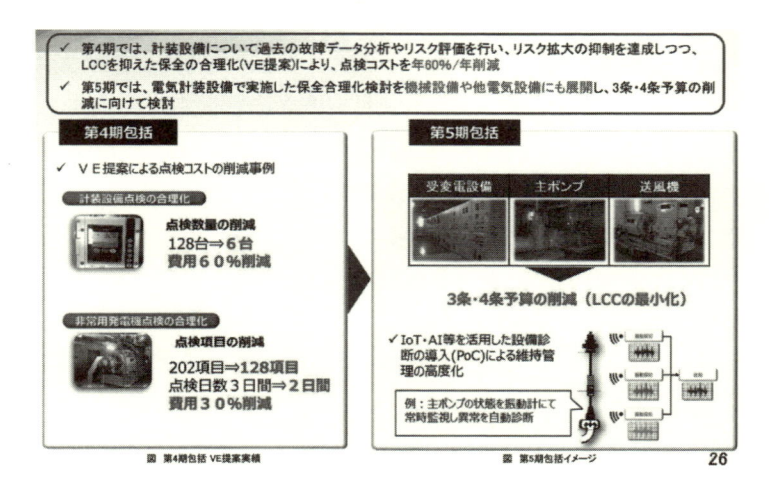

出所：静岡県富士市「包括的民間委託の導入効果の事後検証について」国土交通省　第24回下水道における新たなPPP/PFI事業の促進に向けた検討会（2021年）

　さらに，民間事業者の参入意欲を高め，さらなる業務の効率化・高度化を目指してインセンティブ条項を追加しており，新型脱水機の活用による下水汚泥発生量削減に関する投資提案が行われた。

【図表5-1-11】富士市におけるインセンティブ条項

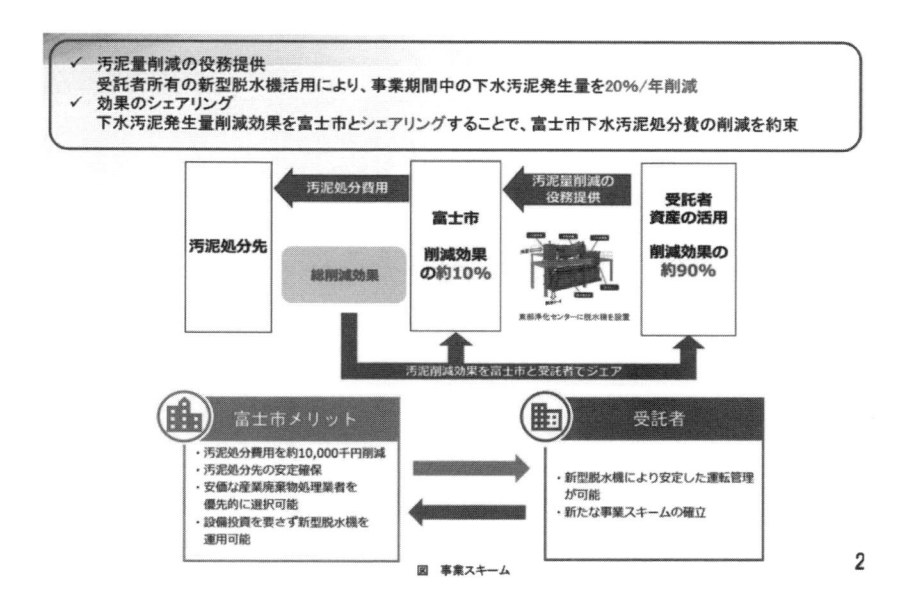

出所：静岡県富士市「包括的民間委託の導入効果の事後検証について」国土交通省　第24回下水道における新たなPPP/PFI事業の促進に向けた検討会（2021年）

## 5　DB方式による工期短縮等

　DB方式は，設計と建設を一体で発注することにより，民間事業者の優れた技術を活用し，設計・建設の品質確保，合理的な設計，効率性を目指す方式とされている[46]。本項ではDB方式を採用したことによる効果事例を示す。なお，

---

46　設計・施工一括及び詳細設計付工事発注方式　実施マニュアル（案），平成21年3月，国土交通省

本項では導入効果が整理されていた管路を対象とした先行事例を紹介するが，施設においてもDB方式による工期短縮等の効果が得られることがあると考えられる。一般的には，導入可能性調査において，従来発注における設計と建設を分割した場合とDB方式による一体発注が比較される。

## （1）　工期短縮効果（秩父広域市町村圏組合　配水管設計業務等更新工事）

　秩父広域市町村圏組合では，水道広域化に伴う事業量増加に対応すべく，DB方式を導入し，実際にDB方式を導入した建設に対する検証を実施している[47]。同組合の検証では，全6工区，延長約3km，配水管HPPE50〜150mmの建設を対象とした。

　同建設は，約7カ月の工期で設計・建設が実施されたが，これは「DB方式でなければ完工することは困難な工事量であり，工期短縮に効果があった」と検証されている。

　また，発注者の負担軽減効果として関係機関との調整，地元住民対応，設計変更について軽減効果があったとされている。さらに，下請け業者に対しても書類作成の負担軽減効果があったとされている。

　また，同組合の検証内容より，「本工事契約から工事着まで2カ月を要したが，詳細設計業務を含むため，従来発注よりは短期間で対応したといえる」とあり，DB方式の名称通り，一体発注による効果があったと考えられる。

## （2）　工期短縮効果および統括管理業務による職員負担軽減効果（千葉県柏市における管路の包括的民間委託）

　千葉県柏市の管路包括は，下水道管路の更新を主目的とした事業であり，業務内容には管路更新のための設計と建設を含んでいる。そのため，DB方式で

---

[47]　設計・施工一括発注小式（DB方式）の検証，2020年3月，秩父広域市町村圏組合水道局，株式会社クボタ

はないものの，本項でその効果を示したい。

　柏市の管路包括（第Ⅰ期契約：平成30年10月〜令和４年９月）では，ストックマネジメント（SM）計画に基づく点検調査結果（第Ⅰ期契約の前に市が別途発注）に基づく設計と更新を含んでいる。従来方式による発注では，更新完了まで約３年８カ月の期間を要すると想定されていたが，管路包括の導入により，約１年５カ月で更新が完了したとされている。

　また，柏市の事例では，SMへの対応として約４年間で総事業費33億円（第Ⅰ期契約）の事業を実施することとなり，従来の発注方法では職員を４人増加する必要があった。これが管路包括を導入することで職員を増加することなく，導入することが可能となった[48]。

【図表5-1-12】柏市管路包括の導入による工期短縮イメージ

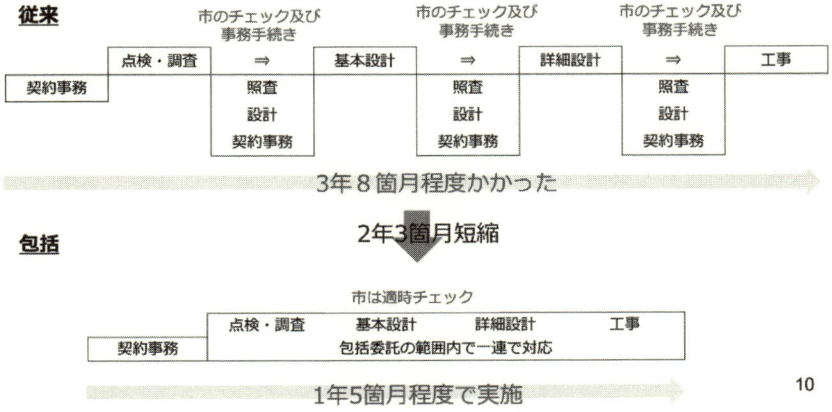

出所：千葉県柏市「下水道管路の包括的民間委託について」国土交通省　第30回下水道における新たなPPP/PFI事業の促進に向けた検討会（2022年）

　柏市管路包括業務で工期を短縮でき，職員負担が軽減された理由として，まずは複数業務をパッケージしたことが挙げられる。一般的に，SM計画に基づ

48　千葉県柏市「下水道管路の包括的民間委託について」国土交通省　第17回下水道における新たなPPP/PFI事業の促進に向けた検討会（2018年）

く更新では，下水道管路の点検・調査結果を基に，老朽化した管路のみを対象として更新のための設計や建設を行う。そのため，対象路線が点在し，設計や建設の発注，完了検査等の事務手続きが職員の負担となる傾向にある。

　これが管路包括でパッケージ化されたことにより，各事務手続きが減少し，職員負担が軽減された。実際に，包括委託導入前後における市職員の人工が算出されており，現状の体制から包括委託へと移行することで，市職員4人工が生み出される計算となっている。

　現在，日本の下水道事業における管路更新は，SM計画に基づく建設が主体であると考えられる。SM計画では点検・調査を実施した後，更新対象路線を確定し，設計や建設を実施することになる。下水道分野において管路の点検・調査と設計・建設を管路包括に含めて発注する場合，受託者が一連の作業を行うと，点検・調査結果を水増しすることで建設量が増えることになることから，利益相反が疑われることとなる。

　柏市の事例では，管路包括の一部として設計・建設を発注する場合には，点検・調査と設計・建設の対象エリアを分割して発注する方式が取られている。これにより，契約の期を跨ぐなかで，点検・調査結果を市で確認することが可能となり，受託者による利益相反を防ぐことも可能となる。

　また，柏市の事例では，業務の一部に性能発注を取り入れることに伴い，受託者が業務を適切に履行しているか監視するために，市によるモニタリングに加えて，第三者機関（公益財団法人　日本下水道新技術機構）によるモニタリング，受託者自らによるセルフモニタリングを導入している。柏市では，道路陥没件数等をアウトカム指標として定めているが，契約の履行が適切に実施されているか，受託者，発注者，第三者によるクロスチェックで確実な監視体制を築けているといえる。

　管路包括にSM計画に基づく設計・建設や性能発注を含む場合には，このような工夫が必要になる点に留意が必要である。

# 6 ｜ 他事業との連携（バンドリング）による効率化

　水道事業，下水道事業単独へのPPP/PFIの導入による効率化だけでなく，両事業を束ねてPPP/PFIを導入して効率化を図る事例や，上下水道以外の他事業と連携して１つの事業とすることで効率化を図る事例も出てきている。ここでは豊橋市，大津市，妙高市におけるバンドリングによる効率化の取組みについて紹介する。

## （1）　下水汚泥・し尿・浄化槽汚泥，一般廃棄物処理のバンドリングによる効率化（豊橋市バイオマス資源利活用施設整備・運営事業）

　豊橋市では，公共下水道中島処理場において，下水道事業における下水汚泥に加え，し尿・浄化槽汚泥，一般廃棄物（事業系生ごみ，家庭系生ごみ）を集約・混合したうえで，微生物による嫌気性消化（メタン発酵）処理をすることによりバイオガスを取り出し，エネルギーとしての利活用を行うPFI（BTO）事業を実施している。

　本事業では，下水汚泥，し尿・浄化槽汚泥，生ごみの処理を一元化することで，下水汚泥単独処理の場合に比べて，処理コストの削減を実現している。下水汚泥に係る処理費，老朽化による設備更新費が縮減され，さらには，し尿処理施設の更新費や焼却炉の規模縮小による更新費，維持管理費などの縮減により，事業期間20年間で約120億円の削減額を見込んでいる。

　また，複合バイオマスをメタン発酵処理し，発生したバイオガスにより発電し電力として売電するほか，発酵後汚泥については炭化し，石炭代替燃料として利活用することで，複合バイオマスの100％エネルギー化が可能となった。その他，焼却処理していた生ごみをメタン発酵処理へ変更することで，温室効果ガスの排出削減にも寄与している。

**【図表５-１-13】豊橋市バイオマス資源利活用施設整備・運営事業における事業ス
キーム**

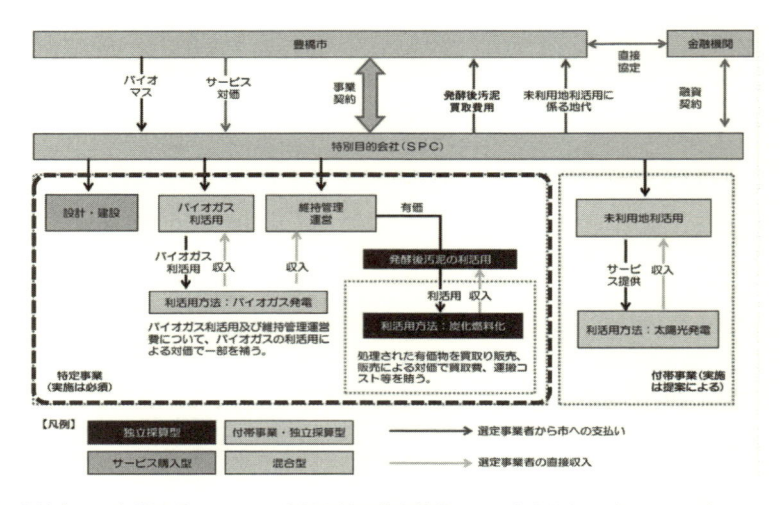

出所：豊橋市上下水道局「バイオマス資源利活用施設整備・運営事業」（2021年８月31日）

## （２）　ガス事業と水道事業のバンドリングによる効率化（大津市ガス特定運営事業）

　公営の水道・下水道・都市ガス・LPガスを実施している大津市企業局では，これまでガス事業を公営事業として担ってきたが，ガス小売の全面自由化に伴い，公営事業では価格競争等において料金等の設定や活動に機動性が発揮できないことや，目的以外のサービス販売や他事業で実施するサービスとのセット販売，料金設定が行えないことから，厳しい経営環境に置かれていた。また，職員の高齢化や全国的に進む公務員の定数抑制や適正化に伴い，緊急保安体制の維持や今後の技術継承が困難となってきていた。

　そこで，大津市ではガス施設に公共施設等運営権を設定し，大津市と民間事業者の共同出資新会社にガス小売を中心とする業務を実施させることを計画した。また，ガス事業へコンセッション方式を適用するにあたり，これまで大津市では，都市ガスとLPガス，水道の緊急保安業務を一元的に行うことで人的な効率性を向上させて対応していたことから，これらのLPガスや水道事業の

一部業務についても，効率性の観点から官民出資会社に委託した。

　もともと水道・ガス一体で実施していた業務を併せて，新会社であるびわ湖ブルーエナジー（民間事業者75％出資，大津市25％出資）に委託することで，別々の民間事業者に委託を出すような非効率を防ぎ，一体的な技術継承が可能になっている。

【図表5-1-14】大津市ガス特定運営事業における事業構成図

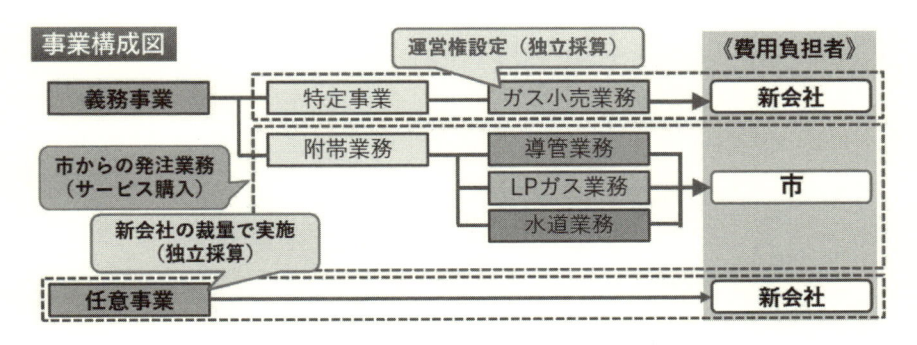

出所：大津市企業局「大津市ガス特定運営事業等について〜検討から実施まで〜」（2019年12月）

## （3）　ガス事業・上下水道事業のバンドリングによる効率化（妙高市ガス事業譲渡および上下水道事業包括的民間委託）

　妙高市では，行政改革の推進・職員数の減少・技術継承・人材育成が困難，といった理由からガス事業の譲渡を計画していた。他方，妙高市では2014年度から，ガス供給所，地区整圧器などの供給設備とともに，各浄水場，配水施設の運転監視や保守点検等の維持管理業務を，ガス・水道一括で民間事業者に委託していた他，検針業務・開閉栓業務についてもガス・水道一括で委託してきていた。また，下水道施設においても，供用開始時より施設ごとに包括的民間委託を活用してきていた。これらの経緯を踏まえ，妙高市では水道事業，下水道事業を含めた3事業一体運営とすることでの効率化を検討した。

　妙高市は，民間事業者が設立する新会社にガス事業を譲渡し，同時に上下水道事業を包括委託する事業スキームを計画し，①ガス上下水道の管路工事に係

る計画，設計，建設，維持管理の一元化，②一体管理による運転管理・設備点検の効率化，③薬品等の大量購入による価格低下，④検針や料金徴収業務の一本化による直接的経費の削減等によって，包括委託費の低減やガス事業経費の圧縮，ガス料金の値上げ抑制を図っている。

　料金徴収についても，これまでの妙高市によるガス上下水道料の一括請求から，民間事業者が出資する新会社（妙高グリーンエナジー）による一括請求へ移行したが，本事業で3事業一体運営としたことで課題は生じていない。

**【図表5-1-15】妙高市ガス事業譲渡および上下水道事業包括的民間委託における業務範囲**

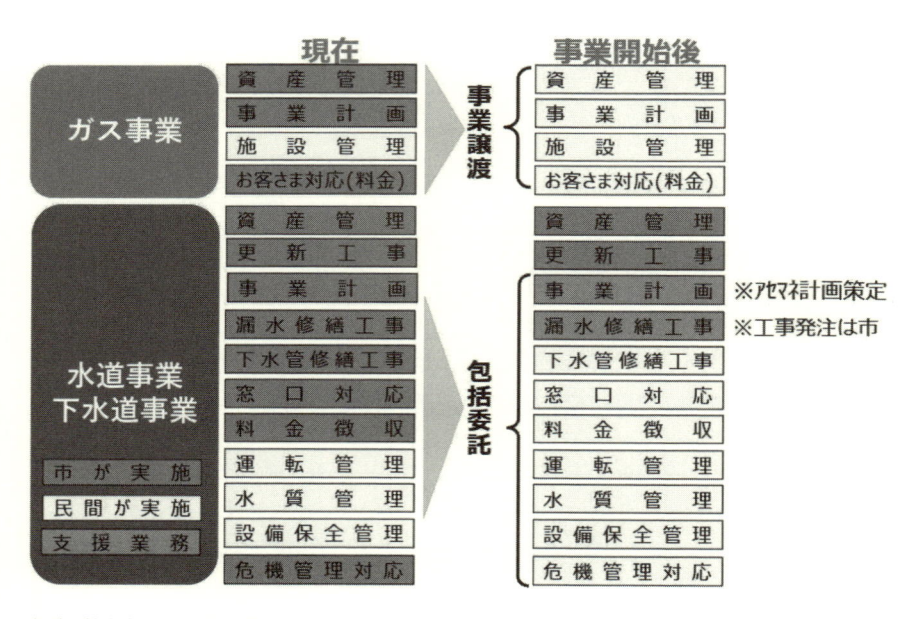

出所：妙高市上下水道局「妙高市ガス事業譲渡および上下水道事業包括的民間委託について」（2022年11月22日）

## 7 | 技術継承の強化

　官民連携において技術継承の強化に向けた取組みは非常に重要となっている。ここでは，官民出資会社を活用した官民双方の技術の融合の取組みおよび民間のノウハウを活用した技術継承に向けた業務フローの見える化の取組みを紹介する。

### （1）　官民出資会社を活用した技術継承強化の取組み

　官民出資会社を活用した官民連携の事例（広島県，群馬東部水道企業団）などにおいて，地方自治体の職員が官民出資会社に退職派遣されている。地方自治体の職員以外に民間企業から出向している職員や，直接雇用された職員がおり，双方のノウハウを合わせながら官民連携の業務に従事することで上下水道事業に必要なノウハウ向上に役立っている。

　例えば，広島県の水みらい広島では県職員を官民出資会社（水みらい広島）へ退職派遣しており，委託対象業務である浄水場の維持管理に関して業務を実施するなかでノウハウを獲得することが可能となっている。

　また，研修（Off-JT）として，民間企業側の工場におけるポンプのオーバーホール研修などを実施しており，オーバーホールの知見を実習で学ぶことができるとのことである。さらに，これにより従来外注していた修繕業務を内製化することでコスト削減にも寄与しているとのことである。

　その他，公共側の知見を官民出資会社に伝達することも効果としては上がっているとのことである。

【図表5-1-16】 水みらい広島での民間企業の工場におけるポンプのオーバーホール
　　　　　　　研修

出所：厚生労働省　水道分野における官民連携推進協議会（2017年12月開催）資料


## （2）　荒尾市における官民連携を活用した業務フローの見える化の取組み

　荒尾市における水道事業包括委託（第1期）では，要求水準書において，技術継承支援業務として業務フローおよび業務マニュアルの整備を委託業務として設定した。これに基づいて受託者により，全164件の業務に対してわかりやすい業務フローおよびマニュアルが整備された。この業務フロー等により，業務の手続きや留意点が見える化されており，新しく参加する人材（新規参入企業）に対する業務引継ぎが可能となっている。

　多くの地方自治体では上下水道事業におけるマニュアルやフローの整備は通常業務の多忙さなどを背景としてなかなか整備・更新が難しい現状がある。これらの課題に対して民間事業者の体制とノウハウを活用して解決している良い事例であり，参考にしていただきたい。

## 8 | その他包括委託の検証結果からの導入効果事例

　荒尾市や群馬東部水道企業団では，PPP/PFIを導入した効果について検証している。

　群馬東部水道企業団では，包括事業委託を導入することにより，企業団の構成団体間における危機管理体制やサービス水準の格差が解消された効果があげられる。

　荒尾市では，委託により市民の満足度が上がるなどの効果が数字として現れている。


### （1） 危機管理体制の整備，サービス水準の格差解消効果（群馬東部水道企業団包括事業委託）

　群馬東部水道企業団では，官民出資会社である株式会社群馬東部水道サービスへの水道事業に関する包括事業委託に対して，中間評価を実施している[49]。同企業団では，包括事業委託の実施前に広域化基本計画が策定されており，当該地域の水道事業が抱える課題について詳細に分析された[50]。中間評価では，同基本計画での分析を基に課題が再抽出され，課題に対する取組みやその効果が評価されている。課題に対する評価のうち，本項では危機管理体制の整備とサービス水準の格差に着目して述べる。


### ① 危機管理体制の整備

　広域化基本計画では，構成団体間で管理水準に格差が生じているとされ，構成団体のうち，特に5町において危機管理体制に課題があるとされていた。具体的には，5町では職員数が少なく，職員1人の担当業務範囲が広いことから，災害時における対応が不可能となることが想定されていた。また，施設の実情

---

[49] 群馬東部水道企業団　包括事業委託　中間評価報告書，2022年3月，群馬東部水道企業団
[50] 群馬東部水道広域化基本計画，2013年9月，太田市・館林市，みどり市，板倉町，明和町，千代田町，大泉町，邑楽町

を特定の職員しか把握できていない状態にあり，緊急時の対応マニュアルも未整備である点が課題として抽出されていた。

　PPP/PFI導入後の中間評価においては，包括事業委託によって，危機管理に係るフロー・マニュアルが整備され，被災時においても適切な対応がとられたことが確認できる。また，包括事業委託の受託者である群馬東部水道サービスでは，災害時を想定した応急給水訓練を企業団職員と同社職員が共同で実施しており，体制整備の構築が図られていることがわかる[51]。

### ②　サービス水準の格差解消

　近年，水道利用者のニーズが多様化しているが，包括事業委託前においては構成団体間でサービス水準に差が生じていた。具体的には，平日日中を除く窓口対応や収納対応，クレジット支払いが全団体で未導入であることがあげられていた。包括事業委託の導入後においては，水道使用料金に対してクレジット支払いが導入され，サービス水準の向上・統一が実施された。

　これらの効果が導入できた背景として，同企業団による中間評価報告書では，「包括事業委託を企業団構成団体全域に展開したことにより，サービス水準の格差解消に一定の効果が得られた」と評価されている。

　従来は，個々の地方自治体の水道部局間で職員数や体制に偏りがあったものが，官民出資会社への包括委託により，各地方自治体の水道部局の職員とパートナー企業からの社員が一体的に事業に取り組むことが可能となり，柔軟な対応が可能になったものと考えられる。

　前述のとおり，本項の効果は複数の地方自治体からの包括的な発注が前提である。そのため，群馬東部水道企業団のように広域化をした場合や複数の地方自治体からの共同発注が必要となる。したがって，単独の地方自治体での発注等では，効果が得られにくいと考えられる点に留意が必要である。

---

51　株式会社群馬東部水道サービスHP　https://gtss.co.jp/1804/

## （2）　顧客サービスの満足度向上効果（荒尾市水道事業包括委託）

　荒尾市水道事業包括委託では，窓口利用者（料金支払者）に対するアンケート調査を実施している。包括委託後において，「満足」と答えた利用者は，包括委託前から約9ポイント増加しており，顧客満足度が向上したといえる。同報告書では，窓口での顧客対応に対する満足度の変化のコメントから，「窓口担当者の対応スピードの改善が，満足度向上に寄与していると考えられる」と考察されており，包括委託の導入による効果が表れていると考えられる。

**【図表5-1-17】荒尾市水道事業包括委託における窓口利用者（料金支払者）の満足度向上結果**

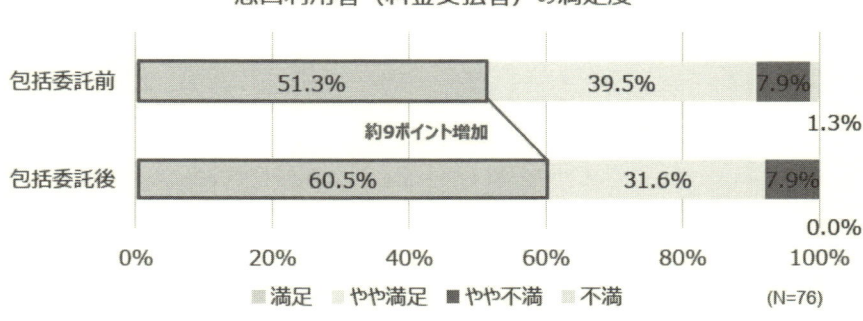

窓口利用者（料金支払者）の満足度

出所：荒尾市「包括委託を導入したことによる荒尾市水道事業等への評価及び検証報告書」（2019年）

　同報告書より，包括委託では，民間事業者において各業務のマニュアル化を実施している。これにより，包括委託導入前の個別委託では「担当者1人1業務」となっていたものが，包括委託では「担当者1人複数業務」へ移行することができ，複数名が窓口対応をできるようになった。

　上記は，包括委託による複数業務の一括発注効果が発揮されていると考えられる。したがって，窓口対応のような，いわゆる「事務系業務」においても包括委託は有効と考えられる。

　上記の効果は，複数業務を一括発注したことによる効果であると考えられる

ことから，ある程度まとまった業務範囲をパッケージ化して発注することが有効と考えられる。地方自治体が担う一部の業務を切り出す形での発注では，効果が低減する可能性があることに留意が必要である。

# 第2章

# PPP/PFI導入の
# 成功に向けたポイント

　本章では，PPP/PFIの導入を検討するにあたっての手順（第2章1）を解説するとともに，導入にあたって特に留意すべき事項（第2章2～8）を紹介したい。

　水道・下水道・工業用水道のそれぞれの分野において，さまざまなPPP/PFI手法が存在し，手続きや期間が手法により異なることが多い。本章では，典型的な従来型PFI事業および公共施設等運営事業を対象に解説したい。詳細な各手法の手続き等に関しては，所管省庁等よりガイドラインやマニュアルが発行されているため，詳細な解説はそちらを参照していただきたい。

## 1 PPP/PFIのプロセスとポイント

　PPP/PFIの一般的なプロセスは図表5-2-1の通りである。

　地方自治体は，経営上の課題を整理したうえで，基本構想や基本計画などを検討し，PPP/PFIの導入可能性調査により手法やスキームの条件を設定する。その後，入札・公募に必要な準備として，実施方針（PFIの場合）・基本方針などを策定し，民間事業者との対話を行いながらスキーム詳細を検討するとともに公募書類を作成し，公募を実施する。事業者選定・引継ぎを経て事業開始に至る。

　公共施設等運営事業の場合は，PFI法に基づいて従来型PFIよりもいくつかの手続きが追加されることとなる。また，水道の場合で水道施設運営等事業を実施する場合には，厚生労働大臣による許可の手続きが別途発生し，工業用水道の場合は事業廃止や休止などの手続きが追加される。

**【図表5-2-1】典型的な従来型PFI事業および公共施設等運営事業における主な実施の流れ**

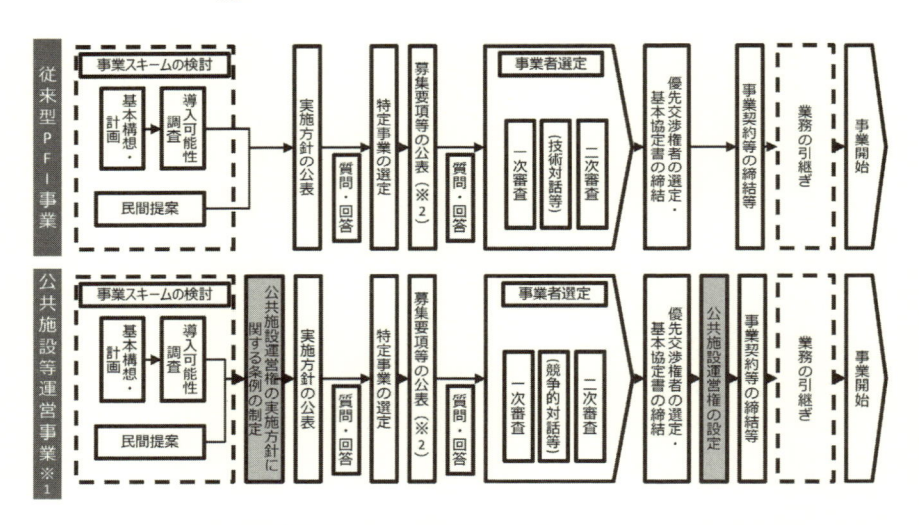

※1 水道事業における水道施設運営等事業の場合は別途運営権の設定に関する許可等の手続き、工業用水道事業の場合は事業休止や許可等の手続きが必要となる。
※2 公募型プロポーザル方式ではなく、総合評価一般競争入札方式の場合は、募集要項の代わりに入札説明書となる。

（著者作成）

## （1）　基本構想・基本計画などの事前検討

　はじめに，PPP/PFIを実施する前に，経営戦略やビジョンなどの策定を契機として，経営課題について把握することが重要となる。一般的には人材，施設，財務などいわゆるヒト・モノ・カネの観点から課題を整理し，PPP/PFI事業によりそれらの課題が解決されるのかどうか，PPP/PFI事業に求める目的は何かを把握する。

　その他，下水道事業においては，「下水道事業におけるPPP/PFI手法選択のためのガイドライン」において，検討準備として検討体制の構築，検討計画の立案，事例研究などが必要な準備として示されている。

　また，PPP/PFI手法導入優先的検討規程を策定している団体においては，この規程に基づいて，対象施設に関する建設・改良を検討する際に同様の準備が必要となることが一般的である。

　これらの検討をまとめ，PPP/PFI事業に関する基本構想や基本計画を策定する。

　この事前検討において，複数の部署にまたがる職員間での課題意識に関する共有や，実務レベルと経営層との間の共通見解の醸成が非常に重要となる。この共通見解のすり合わせに時間を要するくらいなら単独部署でPPP/PFIを進めたほうが早いという考えによって，部署別々に検討を進めた結果，後になって「一緒にPPP/PFIを進めればよかったのに」と感じている地方自治体の方もいらっしゃるのではないかと感じている。

　国土交通省の「下水道事業におけるPPP/PFI手法選択のためのガイドライン」（令和5年3月）では，「ステップ0」としてワークショップなどの開催を通して課題出しを行うとされている。一方，ワークショップに慣れていない地方自治体からは，ワークショップそのものをどう進めてよいかわからないという意見も聞くところである。中小規模の自治体では，この事前検討に関する先導役として外部コンサルタントを活用して，上下・部署間の共通見解を作ることも有効であると感じている。

　また，先行事例として候補に挙がった自治体に直接話を聞くことも非常に重要ではないか。現場を見せてもらったり，現場の生の声を聞いたりすることで，文章で表しきれない効果や苦労を実感することができる。


## （2）　導入可能性調査

　導入可能性調査（Feasibility Study: FS）では，前項の作業からさらに深掘りの検討を行うことで，上下水道事業の経営課題の明確化を行い，PPP/PFIを実施する必要性を確認する。そのうえで，候補となるPPP/PFI手法を複数

挙げたのちに，業務範囲や施設範囲，事業期間などの基礎的な条件を設定して，各手法の利点・課題を比較して手法の選択を行う。

　近年，PPP/PFI手法が非常に多様化するとともに，先行事例も積みあがっていることで選択肢が広がっていることは一般的にはとてもよいものの，「いったいどの手法が自分の上下水道事業の課題に合っているのか」という現場の悩みが増えているようにも感じている。

　そのため，自治体内部でも議論・報告や意思決定のプロセスを細かく設定して進めていただきたい。また，本当に課題は何なのか，短期的課題だけではなく長期的な課題は何か，民間に任せて利点が本当にあるのか，内部でおおいに議論していただきたい。導入可能性調査をしたものの，意思決定の段になって情報共有不足から前提条件が覆されたり，少ない担当者で導入可能性調査を外注で実施したものの，人事異動でいなくなってしまったりという理由で意思決定が進まない事例は数多く拝見している。大切な上下水道料金から報酬をもらったコンサルタントもさみしさを感じるところである。


## （3）　公募準備

　導入可能性調査の結果，対象施設・業務や適用するPPP/PFI手法を決定し，具体的な公募・入札の準備に入る。PFI事業や公共施設等運営事業の場合は，PFI法に基づく手続きとして，実施方針の策定，特定事業の選定などを行う。地方自治体内部の手続きとして，条例・規程の制定や予算・債務負担行為などの準備も実施する。

　また，公募・入札に必要な準備として，経済的効果がどの程度あるかの検討（VFMの検討）や，契約書，要求水準書（仕様書），選定基準，公告などの公募に必要となる書類の作成を行う。このタイミングでは，民間事業者との質疑応答や官民対話（マーケットサウンディング）などを通じて民間事業者の参画意向を把握するとともに，詳細なスキームなどで民間事業者がリスクと感じる事項を把握し，官民双方にとってバランスのよい公募条件・事業条件を整えることが重要である。

## （4）　事業者選定・引継ぎ

公募・入札の公告を実施し，公募・入札書類に関する質疑応答や必要に応じて対話（技術的対話，競争的対話など）を実施したうえで，応募者からの提案を受け付けて，事業者選定を実施する。

選定された事業者との契約締結，（必要に応じてSPCの設立），民間事業者への引継ぎなどを実施して，事業を開始する。従来型PFI事業や公共施設等運営事業では，PFI法に基づいて客観的な評価の公表等の手続きが実施される。公共施設等運営事業では，それに加え，公共施設等運営権の設定手続きなどが実施される。

## 2 ┃ リスク分担上の論点・課題

上下水道分野のPPP/PFIで重要な点は，「公共視点での公益性の確保」「民間の自由度を確保する」「住民への還元」という公共，民間，住民のWin-Win-Win（三方よし）である。公共の視点からは，最終的な責任を負う事業者として必要な公益性を確保する点が重要であり，民間の視点からは，民間の自由度を確保して効率化する点が重要であり，住民への還元という観点からは，コスト削減やサービスレベル向上を通じて還元したり透明性を確保したりするという点が重要である。

このWin-Win-Winを確立するためには，リスク分担などのスキーム・条件面での対策が欠かせない。以降は，リスク分担などの論点で重要な点を1つずつ詳述したい。

## （1）　不可抗力

従来も自然災害などに対しては，リスク分担が詳細に定められていることが多かったものの，近年の災害の激甚化や，新型コロナウィルス感染症，ウクライナ危機など，当初想定していないリスクが発現している事例が散見される。

　例えば，新型コロナウィルス感染症に関しては，維持管理に従事する職員に感染者が発生した場合に運転管理体制を別途増員で確保する必要があったり，リスク分散のために職員の作業拠点を分散化するために新たに勤務場所を確保する必要があるなどの対応に追われた例があった。また，新型コロナウィルス感染症やウクライナ危機が原因となり，工場の操業停止・物流ルート変更による納期遅延などにより，半導体や機械などの納品が遅れることで工期遅延リスクが増大しているということも発生している。

　これらの想定外のリスク発現により，契約書上の解釈に関して公共・民間事業者での協議や対応方法の確認などに苦慮している案件が増えているとのことである。

　これらの状況を踏まえ，政府も対応を行っている。例えば，内閣府では令和2年7月7日付通知「PFI事業における新型コロナウィルス感染症に伴う影響に対する対応等について」において，新型コロナウィルス感染症の影響により通常必要と認められる注意や予防方法を尽くしても事業の設計・建設・維持管理・運営等に支障が生じるといえる場合は，基本的に「不可抗力」によるものと整理している。

　もちろん，リスクはすべて洗い出すことは不可能であるが，今後は近年の事例を踏まえたリスク分担を想定し，以前まで一般的に使用されていた契約書の各種規定を見直していくことが重要である。

## （2）　物価変動への対応

　物価変動についても，従来想定されないレベルでの物価変動が起きており，契約書での物価変動想定を大きく超える事象となっている。

　電力費や人件費などが主に上昇傾向にあるが，特に，電力費の高騰が著しく，2021年1月から2022年11月の22カ月の間に家庭用電力単価が最大83%増加するなど，過去の推移からはるかに超える上昇率となっている（図表5-2-2）。

　物価高騰に関しては，契約書上物価指標を特定して上昇率が一定値を超えた場合は臨時的にサービス対価改定の協議を実施するというような事項が設けられている案件が多いものの，電力費や人件費など特定の費目のみが急激に上昇

している場合は一般的な物価指標の増加率では十分捕捉されないなどの事象も起こっている。

　また，この急激な物価高騰により，事業開始後の案件では，公共と民間が頻度高く物価変動の指標を確認したり，物価変動により増加した費用について民間側で説明資料をつくったり，双方で協議をしたりする業務が増えているとのことである。

　今後も急激な物価の増減があることが想定されるため，物価指標の設定方法として，今までよりも細かい費用分類を作って，費用分類ごとに指標を設定して確認する方法や，定期的に費用を見ながら改定するような仕組みを想定することも必要となるかもしれない。

【図表5-2-2】2016年以降の電力費の推移

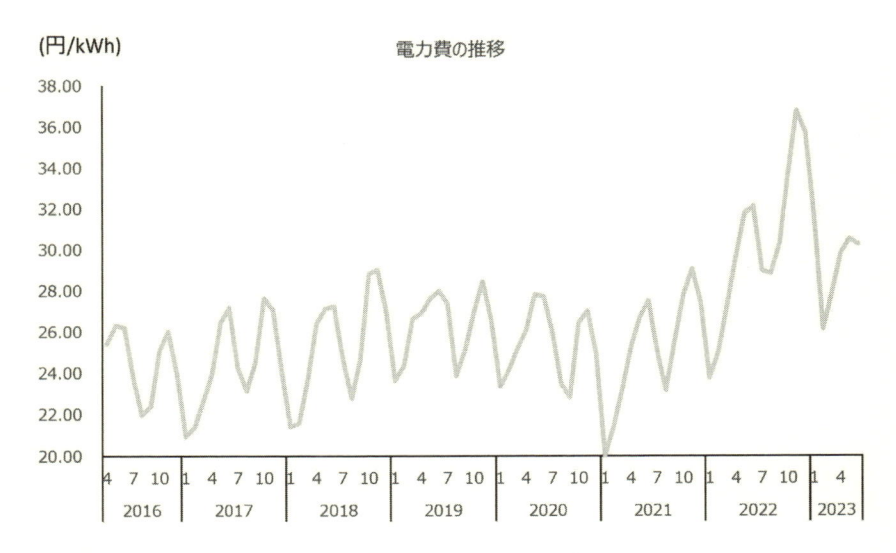

(円/kWh)　　　　　　　　　　　電力費の推移

＊消費税および再生可能エネルギー発電促進賦課金は含まない単価
出所：新電力ネット　https://pps-net.org/unit

## 3　官民の対話（市場調査含む）

　公募・入札の前提条件となる契約書や要求水準書の内容については，公共・民間が双方から見てバランスの取れるように双方の状況を鑑みて作成することがとても重要となる。一方，制度上，公募・入札時点では公共側で内容を作成して開示するため，公共側にとっても公募開始前に案を作成・開示して，民間事業者と意見交換をしたうえで内容の詳細を固めていくプロセスがとても重要となる。

　マーケットサウンディングは，導入可能性調査や事業者選定に向けた準備の段階において，民間事業者に対してスキームの概要や参考となる情報を開示することで関心を誘起するとともに，民間事業者からの意見を聴取し，民間が懸念するリスクやスキーム上の取扱いなどを把握するものである。

　マーケットサウンディングにおいては，公共から民間へ現状の上下水道事業の状況やPPP/PFI事業の詳細に関する情報提供をすればするほど，民間事業者側での内容の把握が進み，意見も精度の高いものとなるため，可能な限り関連する資料の開示を早い段階で行うことが重要である。

　公募開始前のマーケットサウンディングはウェブサイト上で公表して公募する方法と公募せずにPPP/PFIの実績や対象業務の実績が多い民間事業者を特定して直接依頼するという2つの方法がある。公募・非公募両方に利点・課題がある。公募すると時間がかかるうえに，「公表する資料は議会に説明してから」というように検討中のスキームが固まっていない資料を議会に出すような難しさもある。非公募の場合は早く実施できる一方，選ばれなかった民間事業者から「なんでうちは選ばれなかったのか」という意見がでたり，公表されないために民間事業者に認知されにくく参画企業が少なくなったりという課題もある。実務の状況に応じて方法は選定いただきたい。

　内容の詳細については，内閣府・総務省・国土交通省「PPP事業における官民対話・事業者選定プロセスに関する運用ガイド」や，各PPP/PFI手法に関するガイドライン等を参考にしていただきたい。

　また，公募が開始されてからは，公平性および透明性確保の観点から，官民

のやり取りをブラックボックス化しないようにすることも重要である。これらの観点から，募集要項等に対する質疑応答に加え，公募・入札開始後に官民による技術対話[52]や競争的対話などが活用されている。競争的対話では，契約内容や要求水準の内容確認だけではなく，内容の変更に関する交渉も含まれることがあるため，特に透明性高く実施することが求められるものと考える。

　例えば，宮城県のみやぎ型管理運営方式（上工下水道事業）では，競争的対話を綿密に実施したうえで，透明性確保のために，協議記録や，改訂結果，経緯等を公表していた。このような丁寧な開示が事業に対する理解を促進する一端となると思われる[53]。

## 4 ┃ モニタリング（性能発注の確保，双方ハッピーなモニタリングとは）

### （1）　性能発注・民間の自由度と公共の説明責任の両立

　モニタリングは契約内容の履行を公共側で確保するという意味では非常に重要なものである。

　ただ，モニタリングにおいて，公共側としては最終的に得られた成果のみならず，詳細な業務の実施方法においても確認を行い，従前行っていた業務実施方法と何が違うのか，さらには実施方法詳細を把握したうえで改善を求めたい，要求水準の未達の予兆を検出したいという仕様発注的な考えは根強い。

　性能発注に沿ったモニタリングを行うという考え方からは，可能な限り最終的な成果（アウトカム）を指標として確認することがのぞましい。一方，性能発注であっても事業の実施方法を「従前どおりやるように」というような公共側からの指導をしたくなるところであるが，民間側としては自由度を縛られる，「公共の指示する実施方法を守れば成果が伴わなくてもいい」という仕様発注的思想となり，性能発注的な考え方から離れることも想定される。

---

52　技術対話は従来型PFIやDBOなどで活用されている対話であり，要求水準や契約内容の理解促進や，民間が提案する内容に関するすり合わせを目的とした対話である。

53　宮城県ウェブサイト　https://www.pref.miyagi.jp/site/miyagigata/kaitei-info.html

　ここで重要なのは，性能発注であれば，業務の実施方法は問わないのが理屈だが，業務実施手法や施設の現状がブラックボックス化すると最終責任を負う公共としても納得できないことから，先行事例でも実施手法に関して民間側がマニュアルを策定し，性能が達成できないときはそのマニュアルをベースに実施方法を見直す，などの工夫がなされている。

　フランスにおける上下水道のPPP/PFIの例などをみると，ICT技術を活用して，遠隔監視などのシステムが公共側，民間側双方の事務所において施設の稼働状況などをリアルタイムで見られるようになっており，官民の業務情報の共有などが同時に行われている。日本のPPP/PFIでも民間提案により監視データの公共側と民間側のリアルタイムの共有は行われるケースも増えており，このような業務の実施内容を自動で共有できる，記録するなどの工夫もモニタリングにおける公共側の「説明責任」と民間側の「自由度」を両立させる解決策になり得るのではないか。

## （2）　PPP/PFIの効果の公表

　モニタリングは「契約の履行の監視」の一面に着目されがちであるが，住民に対して官民連携で効果があったことを説明する面も忘れてはならない。

　一般的には定期的にモニタリング結果を公表する機会を設けている。この点を活用して，実際に効果があった点に関して，どのような民間の工夫があってその結果どのような点で効果が出ているのかを定期的にまとめて公表することで，上下水道料金を支払ってサービスを受けている住民に対して理解を求めることも有効ではないか。

　例えば，荒尾市の水道事業包括委託第1期では，中間振り返りとしてどのような効果，課題があったのかについて分析を行い，ウェブサイトで公表している。業務指標がPPP/PFI前後でどう変わったかの確認や，業務指標では測りきれない効果については，地元業者へのアンケートや，実際の水道利用者へのアンケートなどを実施して，地元との連携はどう進んだか，満足度がどう変わったかなどを分析している。

　広島県の公民連携企業体（水みらい広島）では，民間からの提案に基づいて，

第三者評価委員会を定期的に開催し，結果を公表している。評価基準や各委員からのフィードバックなど細かいやり取りも含めて公表されており，議論を進めながらPPP/PFIを良くしようとしているプロセスが垣間見えるとともに，具体的な取組みや効果も市民が見える状況になっている。

　また，浜松市下水道コンセッションでは，毎年末に業務履行を振り返るとともに，VFMを報告しているとのことである。

　このような事業の振り返りとともに効果を公表することで，住民への理解の促進が進む，あるいは他の自治体に対しても非常に有用なヒントとなると想定される。

## 5 ｜ 紛争解決の方法

　PPP/PFI事業を実施するなかで，官民双方で意見が相違することはどうしても避けられない。事業開始時の要求水準書の細かい運用に関する協議や，契約の細かい解釈，事業期間中の不可抗力の発生や物価の上昇など，事例はさまざまある。

　これら紛争を解決する場合は，どうしても甲・乙という契約の二者関係だと協議がまとまらないこともあることから，「協議が整わなければそのまま裁判」ではなく紛争解決の方法に関して独自の取り決めをしている事例も多い。

　紛争解決における最も重要なポイントは，公平性・透明性ではないだろうか。

　公平性とは，お互いの主張を聞いて公平な判断ができる場づくりが重要である。協議の場（協議会）を設けるという従来型PFIなどで見られる官民の関係者が協議するだけではなく，外部有識者からなる紛争解決のための調整の場を設ける事例もある。浜松市下水道コンセッションでは，西遠協議会という名称でモニタリングとは別に，紛争解決のための場を設けている。

　また，紛争解決のための場が公平であることが重要。外部有識者が公共のみから指名・選定されていたり，参加のための費用が公共のみから支払われていたりと，民間からすれば「選定が不公平であり，公平な協議の場ではない」というような意見が出ることも想定される。外部有識者などを含める場合におい

ても，外部有識者の指名権，費用負担などでも公平な場づくりが欠かせない。

## 6 ｜ 公共の出資など

　公共出資は水みらい，群馬東部などで活用されている。職員派遣による官民相互の技術継承などメリットは多いと認識されている。

　一方，第3セクターの過去の失敗事例が多いことから懸念も多い。過去（1990年代など）の第3セクターの失敗事例を顧みると，事業計画，責任関係，人材配置の面で問題が多かったと考えられる。

　事業計画については，今まで自治体でまったく実施したことのない新規事業や新規に設立する収益施設などを対象としたことや，事業計画が現実的でないことにより，事業開始後の収益実態が計画時の見込みから大きく乖離するなどの課題が過去の事例ではあった。

　責任の所在の面では，自治体と民間で出資をする際に，意思決定や責任関係が明確化されていない状態での出資構成・株主間契約などがあったことにより，主体的に経営に関与したり，経営が厳しくなった時に業務を主体的に改善する役割が明確化されていなかったりしたことで破綻した事例もあった。

　また，人材面では，公共および民間から人材が集まり，公共・民間双方のノウハウが蓄積・継承されていくことが期待されるが，過去の失敗事例では実質的な天下り先となっていて，公共の職員が多く，専門ノウハウがない人材が派遣されていたこともあった。

　上記の過去の第3セクターの失敗事例を踏まえて，上下水道分野における官民出資会社の先行事例ではこれらの懸念点が解決される仕組みが取り入れられている。

　インフラである上下水道事業の既存事業を対象事業とすることで，ベース部分の収益・費用の見込みは堅実な計画となることが想定される。また，新規事業に関する第3セクターの事業計画については，民間パートナー（出資者）の募集選定の時点で民間側で検討，提案することで新規事業の実務に詳しい民間側が立案することで見込みが大きくずれるリスクを減らすことが可能と考えら

れる。

　また，責任の所在についても，民間が過半数出資したり，公共が過半で出資する場合でも民間側の出資者が少額出資のみで多数の民間企業の出資を受けて民間側の責任があいまいにならないような仕組み（代表企業の設定や責任の明確化）を募集時点で検討することが重要である。

　人材についても，公共側からの退職派遣人材などがいる場合は当初募集時点で人数や職種などの派遣計画を明確に示し，その計画に沿って派遣を行うことで，事業開始後に想定とのずれがないような仕組みを導入することが可能である。

　いずれの仕組みも先行事例として広島県水道用水供給事業等（（株）水みらい広島）や大津市ガス事業コンセッション（びわ湖ブルーエナジー（株））等では取り入れられている。

【図表5-2-3】過去の第三セクター失敗の要因と成功事例での対応策

| 過去の3セク失敗における要因 | 成功事例(広島県・大津市など) |
|---|---|
| 【事業計画】<br>・新規事業が対象、成長期待大<br>・事業計画が非現実的 | 【対応策】<br>・インフラ事業を対象とした堅実な計画<br>・民間が事業計画を提案・公共が監視 |
| 【責任関係】<br>・責任の所在が不明瞭（出資）<br>・資金調達への公共の関与 | 【対応策】<br>・民間の出資のメリハリによる責任明確化<br>・資金調達への公共側の関与なし |
| 【人員配置】<br>・実質的な天下り先化<br>・人材活用が非効率 | 【対応策】<br>・民間出身の役員配置<br>・民間から公共への技術継承の仕組み構築 |

（著者作成）

## 7 ｜ 段階的な拡大

　上下水道における包括委託などの事業期間は3～5年の期間が多い。そのなかで，第1期・第2期と進むに従って業務範囲を拡大したり事業期間を長期化している事例があった（かほく市上下水道包括委託，大阪狭山市下水道管路包括委託，河内長野市下水道管路包括委託など）。第1期事業の開始時点は業務範囲が小さく，事業期間もある程度短いいわゆる「スモールスタート」で始めて，民間事業者の習熟度があがり，公共側の職員減少・技術継承課題が徐々に進むにしたがって，業務範囲を拡大していっている。

　期間が例えば3年間など比較的短い場合は次期事業の準備が第1期の事業開始後すぐというような課題はある一方，新規なPPP/PFI手法を導入する自治体ではいきなりの大規模導入が難しかった現状もあり，もともと縦割りで業務を受注していた民間事業者（受け手）側の体制整備もわからない当時からすると効果的だったのではないかと考える。このような段階的な拡大を想定しながらスモールスタートすることも新規なPPP/PFI手法の円滑な導入には効果的であると考える。

　段階的な業務の拡大においては，競争性が増える効果も想定される。例えば水道事業のみの委託から上下水道一体にすることで，既存の水道業務受託者と下水道業務受託者などが参加する，維持管理に建設業務を加えることで新たに建設業者やプラントメーカーなどが参入することも期待される。ただし，競争性阻害となる業務（実施可能な業者が自治体に1社しかいない，など）が入らないように留意が必要である。かほく市の第3期事業で含まれていた競争性阻害の要因となる業務（水道事業のうち漏水調査）を第4期事業で除外するなどの対応をされている[54]。

---

[54]　国土交通省 水管理・国土保全局 下水道部「下水道事業におけるPPP/PFI手法選択のためのガイドライン」（令和5年3月）

## 8　新たなPPP/PFI事業の検討・事業者選定のあり方

　2011年度のPFI法の改正により，PFI法第6条に基づいた民間提案制度が位置付けられた。民間事業者が公共施設等の管理者等に対し，実施方針を定めることを提案することができる，というものである。

　これらの制度をベースに，PFI事業でないPPP/PFI事業の民間提案なども実施されている。

　民間提案制度は，実施方針を策定する前の段階から民間側の創意工夫やアイデアを入れることができるため，1つの課題解決に対して複数のPPP/PFI手法や事業実施方法が想定される場合や，民間企業側の独自の新技術を活用するような性質の事業に対しては非常に有効であると考えられる。

　上下水道事業では，民間提案に基づいた先行事例は少なく，荒尾市水道事業の包括委託，須崎市の下水道コンセッション，廿日市市の下水道事業における民間提案に基づく再生可能エネルギーの導入などがある。

　その他，類似する事例として，国土交通省「PPP事業における官民対話・事業者選定プロセスに関する運用ガイド」に位置付けられている選抜・交渉型の官民対話により，綾瀬市下水道事業において，下水汚泥消化槽設置および消化ガス発電事業などが実施されている。

　民間提案制度は，従来公共側で実施していた導入可能性調査や実施方針の策定などの実務を民間事業者側である程度実施して，実施方針に記載の内容と想定度のものを公共に対して提案するため，多大な労力・費用・時間を要するものである。また，民間提案を行ってもその後公共側で入札を実施するとなると，受注できるかどうかわからないため，実施方針策定に要した投資が回収できない恐れもあることから，先行事例も少数にとどまっているところと想定される。

　このような状況のなか，2022年度に政府は，公共調達における民間提案を実施した企業に対する加点措置に関する実施要領を策定して，民間提案を実施した民間事業者に対して，事業者選定時点で加点措置をするよう求めている。ま

た，民間提案を受け付ける窓口の整備を自治体に要請しており，一部の自治体に対しては交付金交付の要件ともなっている。これらの要請・措置により，政府が民間提案を強く推進している状況である。

　今後，民間提案制度の運用に関して，公共側の民間提案受付等に要する実務の負担を最小限にしながら，民間側の提案意欲を高めていくルール作りがうまくいけば，官民双方にとってよい事業発案・選定手法になるのではないか。

コラム１

## 浜松市下水道事業におけるPPP/PFI手法導入
## （日本初の下水道コンセッションの取組み）

浜松市上下水道部下水道施設課課長　鈴木 克巳

### １．はじめに

　浜松市は静岡県の西部地区，南は太平洋北は長野県飯田市に接し，高山市に次いで全国第２位の市域を有し，海も山もある国土縮図型都市といわれる人口約79万人の政令指定都市である。

　当市の下水道事業は1959年３月に着手し，浜松駅周辺の中心市街地である中部処理区の中部浄化センターが1966年10月に運転開始している。

　その後浜名湖に面する湖東処理区，舘山寺処理区を高度処理方式で整備している。

　また，2004年から順次民間委託の導入を進め，職員の削減を図ってきた。

　なお，2005年７月の12市町村合併により７処理区が編入され，広大な市域に散在する11カ所の下水処理施設を効率よく維持管理するために，順次単年度仕様発注から複数施設複数年度の包括委託導入，包括委託のレベルアップ等を進めてきた。

### ２．PPP/PFI手法導入の経緯

　浜松市公共下水道西遠処理区の西遠浄化センターは，旧浜松市，旧浜北市，旧天竜市，旧雄踏町および旧舞阪町の３市２町にまたがる流域下水道事業として1977年から静岡県により整備され，現有処理能力20万㎥／日の県内最大級下水処理場である。

　2005年７月に流域市町が合併し浜松市１市となったため，10年間の経過措置を経て，2016年３月末に中継ポンプ場２カ所，流域幹線約60kmとともに静岡県から浜松市に移管された。移管に伴い従来通りの運営手法では20人工規模の増員となり新たな運営体制の構築を行う必要があったが，市は行政改革の一環

【図表5-2-4】浜松市の下水処理場

として組織のスリム化を推進しており，運営のより一層の効率化を目指す必要があった。

　移管直後の2年間は包括的民間委託（レベル3：修繕工事の上限金額なし）を導入し，2018年4月より，「民間資金等の活用による公共施設等の整備等の促進に関する法律」に基づき，公共施設等運営権方式（以下「コンセッション方式」）を導入した。浜松市型部分的コンセッション方式の対象施設は，西遠浄化センターと2カ所の中継ポンプ場であり，20年間の長期契約で経営，改築，維持管理を一体的に実施することで，民間の活力や創意工夫を活かした効率的

な事業運営を目指している。なお，改築に関して躯体以外の付帯施設（防食，防水，仕上げ等）については運営権者の対象事業としているが，土木・建築躯体については市の対象事業としている。

西遠浄化センターに係る包括的民間委託とコンセッション方式の対比表を図表5-2-5に示す。

**【図表5-2-5】県管理時代，移管直後およびコンセッション方式導入後対比表**

| 区分 | 県管理時代<br>（仕様発注） | 移管直後<br>包括的民間委託（レベル3） | 浜松市型部分的<br>コンセッション方式 |
|---|---|---|---|
| 対象施設 | 西遠浄化センター，中継ポンプ場 2カ所，流域幹線約60km | 西遠浄化センター，中継ポンプ場 2カ所 | 同左 |
| 契約期間 | 単年度 | 2年間（通常3～5年間） | 20年間 |
| 経営 | （静岡県，静岡県下水道公社が実施） | （浜松市が実施） | 事業計画，資金調達，情報公開，危機管理，技術管理，環境対策，地域貢献等 |
| 改築 | （静岡県が実施） | （浜松市が実施） | 機械電気設備等の更新，長寿命化（土木建築躯体を除く） |
| 維持管理 | （静岡県下水道公社が実施）運転管理は民間委託 | 水処理，汚泥処理，保守点検，設備点検，植栽管理，水質分析，故障等修繕（金額上限なし） | 左記に加えて産業廃棄物処理 |
| ユーティリティー | （静岡県下水道公社が調達） | 電力，燃料，薬品，補修用資器材，水道等 | 同左 |
| 公共側人工数 | 20人工（県庁，出先事務所，公社） | 7人工（経営，維持管理，改築） | 3人工（モニタリング） |

## 3．浜松市型部分的コンセッション方式事業スキーム

市は運営権者に対して運営権を設定し，運営権者は市に運営権対価を支払う。運営権者は市から委託料をもらうのではなく，公共下水道の使用者から利用料金を自ら徴収し，経営，維持管理を行う。また，市が調達した財源（国費，市起債）と利用料金を基に，運営権者は機械電気設備の改築を実施する。市は運営権者が要求水準を満たすように事業を適切に運営しているかモニタリングを

行う。

**【図表5-2-6】浜松市型部分的コンセッション方式事業スキーム**

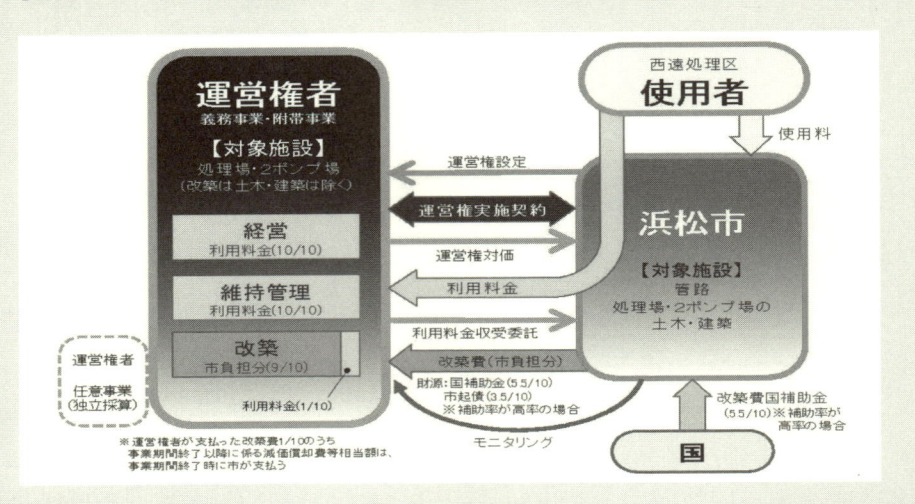

## 4．モニタリングの方法

　モニタリングの方法は，運営権者，市および市が委託した第三者機関（日本下水道事業団）の三者により経営，改築業務，維持管理業務および任意事業について要求水準の達成状況を確認する。

　運営権者は，要求水準の達成状況についてセルフモニタリングを行い，報告書を取りまとめて市と第三者機関に定例会で報告する。市はその報告書の確認に加えて，必要に応じて現地調査や放流水質のモニタリングを実施し，要求水準の達成状況を確認する。第三者機関の役割としては，市と同様の視点でモニタリングを行い，客観的かつ専門的な知見を加えたダブルチェックを行うことである。

　市のモニタリングは，「経営業務」は上下水道総務課，「改築業務」は下水道工事課，「維持管理業務」は下水道施設課と各部門をそれぞれの担当課が分担している。

　なお，要求水準の未達成時には，是正レベルに応じた違約金ポイント制度を

採用している。また，紛争等の問題発生時には有識者を構成員に含めた西遠協議会で調整を行う体制としている。

※モニタリング実施状況

① 書類による確認

　・月次報告書，四半期報告書，年次報告書，その他

② 会議体による確認

　・月1回開催（運営権者，市および第三者機関出席）

　・運営権者によるセルフモニタリング結果の報告

　・市や第三者機関は書類の疑問点等について質疑

③ 現地による確認

　・放流水質の不定期の調査

　・書類や会議体での疑問点や実施状況等を現地で確認

　・提案事項の履行確認

【図表5-2-7】コンセッション方式のモニタリング体制

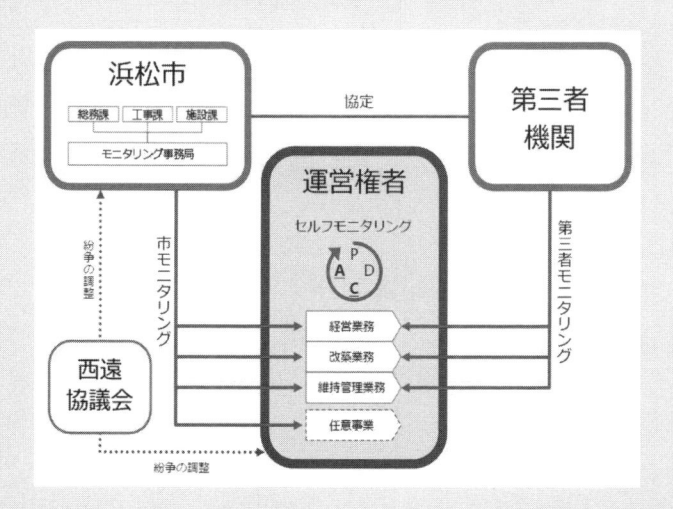

※モニタリングのポイント

・机上での書類確認だけでなく，現場もしっかり見る，よい取組みはマネをする（モニタリング道場として横展開）

・市民や議員の関心は，運営権者が必要以上の利益を得ていないか？ 高かろう悪かろうではないか？
・市がしっかりモニタリングしてグリップすることが求められている
・市も学びながら官民連携でお互いに知恵を出し合い，よりよい下水道施設の運営を目指している

## 5．コンセッション方式導入の効果

コンセッション方式の導入により以下に示す大きな効果が得られている。
① 行政のスリム化達成（職員増員抑制）：移管前20人工⇒包括委託7人工⇒コンセッション3人工
② 事業費削減 VFM 市予想7.6％⇒運営権者提案14.4％（86.6億円削減）
③ 運営権対価（25億円）の獲得⇒長期借入金（起債未償還金）を繰上償還
④ 修繕内製化による予防保全の推進⇒予備品拡充，緊急時早期復旧が可能，中重故障減少，修繕費削減
　※長期契約ゆえ施設に対する愛着心も芽生え，中長期的な維持管理計画を立て効率的な維持管理を行っている。可能な限り設備修繕において直営で手を入れることにより，外注費用を抑えるだけでなく，運営権者職員が設備の内部構造を理解し，かつ実作業経験を積むことにより維持管理技術力を向上させ，故障発生のリスク低減や，災害等緊急時の直営による早期復旧能力を向上させている。
⑤ 運転の工夫や高効率機器導入による徹底的なユーティリティー費の削減
　⇒各種センサーを導入し電力や薬品使用量の削減（臭気センサーを導入することで脱臭剤を削減等）
　⇒高効率ブロワ，超微細低圧損型散気板の導入による電力費の削減
　⇒重力濃縮設備に汚泥細断機を導入することで，し渣の搬出工程をなくした（焼却炉高温運転にもメリット）
　⇒一括発注・長期契約による薬品費の削減
　※下水道事業は空港や有料道路などの収益事業型のコンセッションと異なり，収入がほぼ一定，いかに支出を抑えるか，いわば家計簿型の収支構造。
　　ちょっとした節約でも大容量×長期間でコストダウンの効果はインセン

ティブとして大きく利益につながるため，運営権者は一生懸命頑張っている。頑張らないと損をするスキーム。

⑥　維持管理と改築の一体管理による処理プラントの省エネ化，メンテ効率化

⇒緊急遮断弁の更新工事（事業開始前は調整や実施困難であったが，維持管理担当と改築担当が調整連携して通水しながら施設を止めることなく施工することができた）

⇒反応タンクの散気板更新に合わせて，空気量調整弁を床下から作業しやすい床上に位置を変更し，メンテナンス効率を向上させた。

※メンテナンスをするユーザー側の意見を重視したプラント設計，機器選定がされやすくメンテナンス効率が向上する。

⑦　長期契約のため自主改善や創意工夫を発揮⇒維持管理作業の効率化

最終沈殿池状態監視Webカメラの導入，焼却炉閉塞防止薬品注入装置設置，中央監視システムの集約

※従来の包括的民間委託では，3～5年間の契約期間であったため，自主改善で設備を導入しても契約期間内に費用を回収できないため，なかなか自主改善が進まなかった。

　　20年間の長期契約のため，人員削減，効率化，品質向上のため，さまざまな自主改善，創意工夫が進んでいる。

※懸案事項であった焼却炉の閉塞防止対策は，さまざまな検討実験を重ね，最適な薬品注入装置を自主設置し，閉塞回数を削減することができた。

⑧　工事の発注単位・時期（年度またぎ）を工夫して修繕費，改築費の削減

⑨　ISO45001に基づく労働安全衛生管理の徹底（他の包括委託の参考になる）

⑩　地域貢献事業の実施

⇒市内発注（件数で30％以上），浜松市民の雇用（80％以上）を目標

⇒維持管理技術講習会　市職員や他の維持管理業者も参加

⇒ソーシャルビジネス立ち上げ支援

⇒各種地域イベント協賛，親子施設見学会，国際下水道セミナー

⑪　運営委託事業のモニタリング手法を他の包括委託モニタリングに横展開（技術力の継承）

## 6．コンセッション方式導入にあたっての苦労や課題

　2018年度に事業開始して5年目を経過したが，流域下水道事業移管受入から足掛け9年間この業務に維持管理担当として携わり苦労や課題と感じていることを以下に示す。

### （1）　事業導入時および終了時の契約事務，施設機能確認（健全度）の業務負担大

　コンセッション方式では，市が所有する施設で運営権者が維持管理等を行うため，事業開始時および終了時に施設が正常に稼働するか施設機能確認を実施するが，機械電気設備だけでも4,500点にも及ぶ多くの設備があり，多大な労力を要したため，事業終了時の効率的な確認方法について，事業期間中のモニタリング方法も含めて検討する必要がある。

　なお，通常のPFI事業のように新たな施設を建設して維持管理するのと比較して，供用開始後30年経過した施設を運営する事業は，すべての設備を理想的な健全度に維持させることは現実的でなく，瑕疵担保補修対象とする健全度の解釈や瑕疵担保対象とする健全度レベル設定調整，想定以上の経年劣化の進行などによる事業開始直前の主要設備重故障等の発生事例があり，瑕疵担保責任の明確化が困難であった。

### （2）　長期にわたる事業ため，異動の多い市職員のモニタリング技術力確保や継承が必要

　当市では11カ所の下水処理施設を所管し，2003年度より直営管理から民間委託化を順次進めてきている。他部局への異動や定年退職により知見を有するベテラン技術職員が減り，技術力低下を懸念している。

　包括的民間委託やコンセッション方式などのPPP/PFI手法を実施するうえでは，的確なモニタリングを実施するために市職員の技術力を維持することが重要なポイントである。

　外部研修参加による積極的な技術取得やOJTによる知見の承継を図るとともに，第三者機関である「日本下水道事業団」が有する客観的かつ専門的知見に基づくモニタリング技術も参考にさせていただいている。

## 7．おわりに

PPP/PFI取組担当者の雑感を以下に示す。参考にしていただければ幸いです。

### （1）　民間委託導入のメリット，デメリット

① 技術職員の削減ができる，維持管理費が削減できる。

② 技術職員を削減しすぎると，技術力の低下や突発故障や災害対応時のマンパワーが不足する。

③ 直営と比較して一時的にコストは削減されるが，包括委託のレベルを上げ民間に委ねる割合が増えるほど，リスクフィーが上乗せされコスト削減は頭打ちになる。

### （2）　包括委託レベル３導入時の課題

① 修繕費に上限がない包括委託レベル３を導入し，民間の創意工夫のもと予防保全手法による効率的な維持管理に期待したが，委託期間が２年間と短期間であったため効果発現前に業務が完了してしまった。

② 老朽化施設において金額上限なしの修繕が対象業務の場合，設備の改築がセットになっていないと修繕しきれないなど限界があった。⇒ウォーターPPPレベル3.5創設で解決できると思う。

### （3）　コンセッション方式を導入して

① 短期契約の包括委託では契約に委託者受託者の関係にビジネスライク感が強い傾向，長期契約となると運営権者が施設に対して愛着を感じ，より自主改善が進みやすい。

② 世界3,000カ所以上の下水処理場で培った運営権者の維持管理技術集大成で参考になることが多い。

③ 運営権者の取組みスタンス　官・民・地元パートナーシップ
地域密着企業となり市民に安全安心を提供し信頼される企業となることを目指している。

④ 電気代等ユーティリティーの急騰時の対応ルールを明言化しておきたかった。

⑤　仏の<u>アフェルマージュ</u>や独の<u>シュタットベルケ</u>のような10年間契約の公設民営型もいいスキームでは？

⑥　<u>PFI法</u>の各種手続は<u>ハードルが高く</u>，<u>地方自治法</u>で運用できる<u>ウォーターPPPレベル3.5</u>は打開策では？

## コラム２

# 群馬東部水道事業の2023

株式会社群馬東部水道サービス　企画管理部長　湯澤 靖宏

### １．流動的な現場

　群馬東部水道事業は，2016年４月に末端給水８団体による広域化を達成して以降，公的機関を中心にさまざまな形式・内容にてその取組みが紹介されている。この広域化では同年の日本水道協会「水道イノベーション賞」において特別賞を受賞するに至り，翌年から開始された包括事業運営委託ではPPP/PFIの先駆的事例として多方面で紹介されてきた。そのほとんどが，達成された成功事例として取り扱われており，完成品もしくは到達点として理解されていると感じる。しかしながら，群馬東部のプレイヤーとして広域化・包括事業運営委託に向き合う者にとってすべてが出発点であり，広域化から８年・包括事業運営委託から７年が経過する現在も流動的で実験的な現場であり，特にPPP/PFIにおいては新たな事業スタイルを生み出すための黎明期の様相でもある。本稿では，その一部を紹介できればと思っている。

### ２．広域化と包括事業運営委託の関係

　群馬東部における包括事業運営委託のスキームは，図表５-２-８のとおりである。

　ご覧のとおり，コンセッションではない業務委託としては，これ以上ない水道事業のすべてのカテゴリーを包括しているスキームといえる。このような大規模委託が発生した理由の１つに広域化がある。広域化を果たす目的は多様であったが，そのうち交付金事業の推進力を上げるため，広域化前に比して施工業務量を大幅に増加させることとした。それを職員増により対応するのではなく包括委託で乗り切る手法が選択され，さらに民間企業の創意工夫と活力に期待し，官が行う事業経営と一線を画しながら実務的側面を統括していく事業運

【図表5-2-8】群馬東部における包括事業運営委託のスキーム図

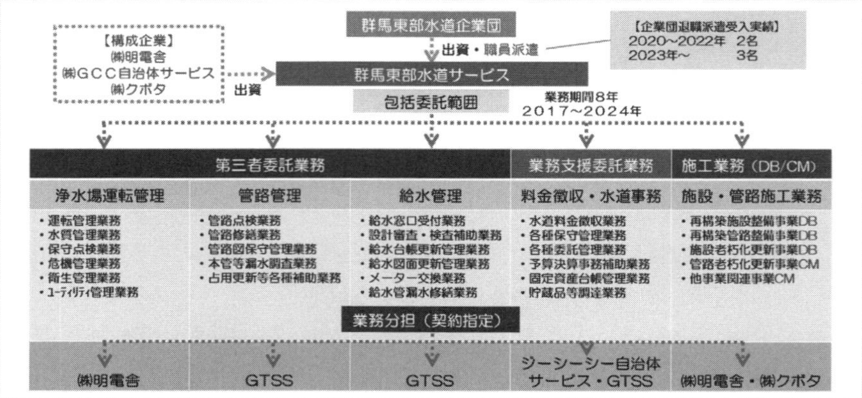

営委託が導入されることとなる。

　ここで単に民間企業によるSPCでは，委託スケールとその内容を踏まえると民の功利的運営への懸念や官の技術継承への不安が残るとされ，官民双方の出資による会社運営へと展開し官民出資会社の設立に至り，さらにこの会社に対し退職派遣を進め技術継承をリカバリーしていくとともに，官側の監視により行き過ぎた功利的運営を抑止していくこととした。

　ここまでが官民出資会社である（株）群馬東部水道サービス（以下「GTSS」という）の生い立ちとなるが，当然ながら水道事業全体が抱える有収水量低下・更新需要増加・財政悪化といった三大疾病にも対処するものであり，それが広域化だけでは対策として不十分と推察したことや今後の新たな課題への対応等を加味しての決断によるものでもある。

## 3．官民出資会社による包括事業運営

　群馬東部の委託でフォーカスされる点は，3条4条を合わせた包括委託や整備事業でのDB方式の取組みであるが，もう1つ特徴的な点が事業運営委託にあるといえる。むしろ業務のサイズ感からすれば，事業運営委託は全委託業務をマネジメントしていくことから，最も重要な使命とされてもよい。このマネジメント業務こそがGTSSのメインオーダーであり，これを遂行していくにあ

たっては出資の一翼であり委託業務のプレイヤーである民間企業3社をまとめていかなければならない。

　一時的に構築された組織では，単純な取りまとめ作業だけでも困難となる。一過性ではない官に密接な組織である官民出資会社であれば，こうした事態に対処できる。タスクごとに分離された業務を遂行していく委託とは次元が異なり，とりわけ実務レベルでのマネジメントまで包含する委託では，官サイドからみて柔軟で適応力のある組織が望まれる。一方で，GTSS自体は非公共であることから，民間企業に寄り添うマネジメントも可能とし，公共単体では届くことのないマネジメント領域に至っていると感じている。

　実に，こうした目的を組織化していくことに2年程度費やし，初期メンバーは相当な試行錯誤を繰り返した。企業団から提示された各業務の仕様を，各構成企業においてタスクとして具現化することは容易だ。しかし，業務間を連携し事業運営を主体的に進めていくことのオーダーには，マネジメントという点で官民のボーダーラインを決めていくことに近く困難を極める。事業主体となる企業団と実務経験値の高い構成企業とその中間に立つGTSSにおいて，根気よく協議調整が図られた。

　信念やプライドもある。想定よりカオスとなった状態を通り過ぎ，やはり最後はこの比類のない事業スキームを成功させたいという思いから一気に前進できた印象がある。結果として，他のPPP/PFIに比較して三者による会議・調整の場は，今でもとても多い。非効率と捉えることもできるが，現在では，官と民，民と民，それぞれの関係性は協調と信頼を上げ，このスキーム固有ではあるがパートナーシップを確立できている。従前の委託受託の関係性からはとても想像しにくいと思われるが，官民出資会社のプレゼンスをもって，新たなスタイルによる水道事業経営が始まっている。

## 4．大規模業務委託の事業寄与

　官の技術を取り入れやすい環境が整い，施工業務を中心に数々の創意工夫が民間企業よりもたらされた。工期短縮や複合的施工管理等から始まり，3条4条連携によるさまざまな合理的で安全性の高いプランが次々と結実されていく。こうした状況を目の当たりにすると，水道事業における装置産業としての技術

力を強く感じ，民のパワーを引き出すスキームはこれからも研究されるべきと思う。

　官はこうした業務から解放され，コア業務へと専念していく。例えば，水道ビジョンに掲げるさまざまな施策に打ち込むことを可能としていく。全国の水道ビジョンの多くは，その施策数を増していき多様化してきている。職員数が減少傾向にあるなかで，目標ばかりがバリエーション豊かになり対応レベルで多能化し始めている。こうした状況下において，将来を見据えて取り組むことは相当に困難なのではないだろうか。

　大規模業務委託は，こうした状況から解放され施策等を実行していくことを可能とする。民の創意工夫と官民出資会社による事業運営により，官は集中して重要なビジョン施策に取り組む。こうした構造をもって群馬東部水道事業は，機能性を重視し発展性をもって次のステップへ向かうとする実験が今も進められている。

【図表5-2-9】群馬東部水道事業における官民の役割分担

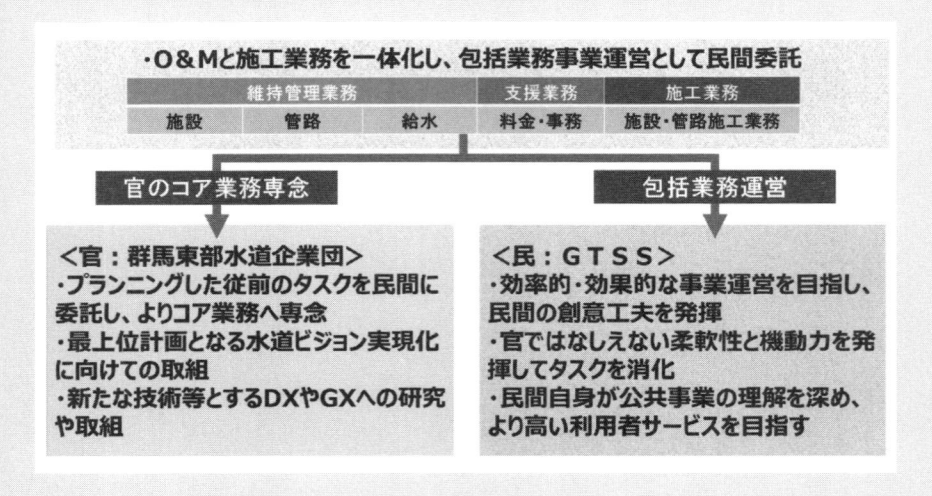

　さらに，これらを未来につなげるための技術継承にも取り組んでいる。GTSSは群馬東部水道企業団からの退職派遣を受け入れ，実務レベルの業務を中心に技術継承を行っている。群馬東部水道企業団の設立により水道事業だけ

を業務とするプロパー職員を確保できているが，今後はこの職員数を維持でき
ていくかはわからない。他団体から見れば少数ではあるが，そのなかで技術ク
オリティを担保していくには，官自らがビジョン等の施策や新たな技術に取り
組んでいくことと同時に，そのために獲得すべき実務レベルの技術習得を進め
ていくことが必要となる。官民出資会社が，将来において群馬東部地域へ寄与
していくことの最大の利点は，事業運営委託だけではなくこうした技術継承に
あると思っている。

　群馬東部水道事業のプレイヤーには，ここまで掲げた官民だけではなく，事
業の重要基盤を成す地元企業がある。地方における地元企業は今，従事者不足
や後継者問題等複雑な課題を抱え，持続的経営という点で危険な状態になりつ
つある。こうした話に耳を傾けできるかぎり対話を重視して，そうした機会を
設定し足を運んでいる。また，広域化等による業務範囲の面的増加に伴う労働
時間等の負担増を軽減するため，フレキシブルな窓口拡張等を目的に給水窓口
申請の電子化に取り組んでいる。事業のサービスは利用者に向けて集中するが，
こうした地元業者への直接的なサービスも事業全体の合理性を向上させると確
信している。

## 5．表面張力

　GTSSの存在は，冒頭にてお話ししたとおり，全国に紹介され一部に理解さ
れていると考える。最も身近で感じ理解を深めつつあるのが，広域化の構成自
治体における下水道事業である。2020年からの人口3万人以上の下水道事業等
に対する公営企業財務適用をきっかけに，各自治体とPPP/PFIについて対話
する機会が増えてきた。太田市は従前より業務委託が導入されてきたが，財務
支援業務委託をトリガーとしてみどり市・館林市でも進行しつつある。明らか
なことはGTSSの存在が，事業課題解決として民間活用を取り入れるという意
識をもって，周辺地域に対し強い刺激を与えているということである。

　ここまでお話ししたとおり，官がコア業務に集中し民が事業運営を担うとい
う「集中と委託」を1つのテーマとして，この群馬東部ではさまざまな場面で
協議や調整が日々進められている。大規模な包括事業運営委託に先進事例はな
く，自らが試行と研究を続けスキーム自体を錬成させていくしかない。

　水道事業の病は長引き慢性化し始め，幾重にも重なる課題は事業体の器のなかで溢れる寸前だが，国等の支援により持ちこたえる様子はまるでコップのふちでおきる表面張力のようだ。直営型市町村経営という個による自立が求められる状態から広域化やPPP/PFIが多様化をもたらし現状打破を託すことのできるパートナーとともに歩む道が用意された。群馬東部だけでなくたくさんの水道事業者が，その一歩を踏み出し始めている。

　最後に，本書関係者皆様のご厚意に深く感謝申し上げるとともに，お読みいただいた各上下水道事業者の皆様には「官民連携」を真摯にご検討いただくことをお願いするものである。

### コラム3

## わが社のPPP事業における
## 先進事業の導入事例

メタウォーター株式会社
取締役執行役員専務　PPP本部長　酒井 雅史

### 1　PPP事業の創成期

（1）　PFI事業への取組み

①　田原市リサイクルセンター整備等事業（PFI）

　当事者は当社の設立前で資金調達の何たるかやコンソーシアム組成の仕方もまったくわからないまま，結果的にゼネコンや有効利用先を探索して提案までこぎつけた創成期のチャレンジ案件だった。この時代の苦労や取組みが現在のわが社のスピリットになっていることは間違いのないところである。ちなみに本事業は15年の事業期間を終えている。

②　川井浄水場再整備事業（PFI）

　総事業費で265億を超える規模でなおかつ浄水場全体のリニューアル，膜採用を要求水準とする画期的な事業として業界全体が騒然となった。資金調達額も大きく金融団やゼネコンも多大な関心を示し，発注者への質問も1,000件を超える関心度となった。ここでわが社のPPPにかける覚悟が決まったといっても過言ではないのではないかと考える。

### 2　PPP拡張期

（1）　水道事業PPPへの取組み

①　荒尾市水道事業包括委託

　もともと大牟田・荒尾共同浄水場DBO事業を受託していたなか，荒尾市が行政のみでの技術継承に限界を感じ民活を検討していたところに，その役割を担うと当社が手を挙げて，最終的にはPFI提案制度を用いて事業化となった事案である。現在は2期目を迎え性能発注の何たるかやBtoCの何たるかを学ば

せて頂く貴重な機会となっている。

【図表5-2-10】メタウォーターにおけるPPP事業の取組み

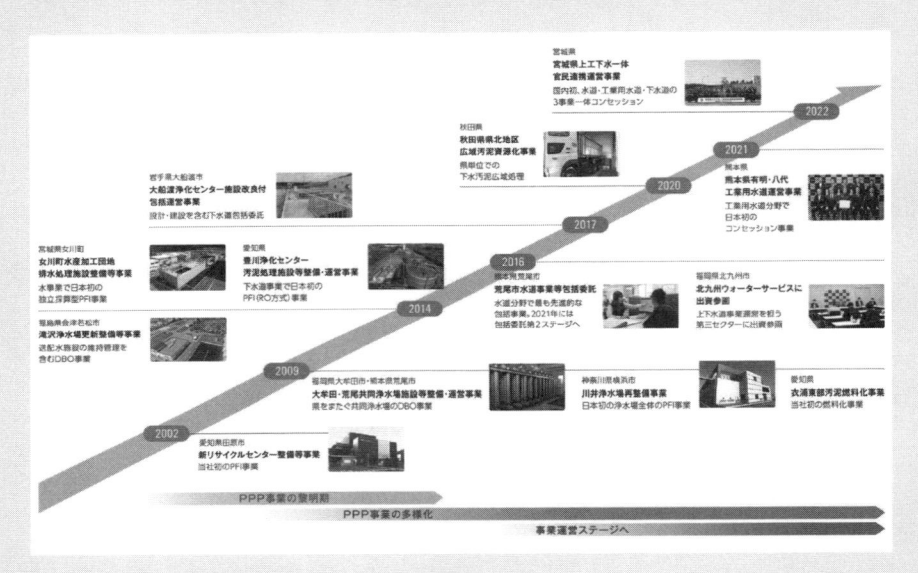

② 中津川市水道事業包括委託

　地元の管工事組合と組ませていただき，所謂水道事業全般の業務を担わせていただいている。特に大きかったのが，派遣したわが社の職員が行政庁舎で机を並べて執務をする環境を整えてもらい，行政の考え方，判断基準を学ばせていただいたことである。発注者と受託者の関係を脱却してパートナーシップを意識できた場面となった。

## 3　コンセッションへ方式の取組み

### (1)　内外の環境の変化

① 当時の政府の大きな方針としてコンセッション方式という方針が明確に打ち出され，空港を皮切りに，そして上下水道も具体的な目標数値が出されPPP事業が一丁目一番地の位置づけとなった。

②　社内的には会社の大方針として成長事業にPPP事業と海外事業を掲げ，組織的にもコンセッション準備室を新たに創設し，相応の人材を配置して体制を整えていった。

## （2）　熊本県有明・八代工業用水道運営事業（コンセッション方式）

　当社として，初めてのコンセッション方式の取組みとなる本事業については，数多くのPPPに取り組んできた経験を踏まえ，リスク分担についてかなり神経質に注力した。工業用水は供給規定が存在しそれが事業者との契約のベースとなるが，水を止めてしまったときの求償例がさまざまで，そこが曖昧であると後々紛争が避けられない事象が起き得るので，重要なポイントとして位置づけて発注者側との対話を繰り返した。管路のリスク分担も一方的な性能発注には耐えがたい部分もあるため，ここにも契約上大いに交渉させていただいた。

## （3）　宮城県上工下水一体官民連携運営事業（みやぎ型管理運営方式）

### ①　提案までの取組み

　当社は事業範囲にある，既設施設への納入実績，運転管理実績がほとんどなく，さまざまな企業と事業スキームに関する対話を重ねたが，最終的に外資系企業と初めてコラボする事となった。当時海外における先進事例も紹介していただき，ある意味カルチャーショックを受けたことが鮮明に思い出される。コンセッションらしくプラントメーカーやゼネコンなどとの，従来の組み合わせに留まらず金融会社などもコンソーシアムに入っていただき，新たな発想での提案を考える機会となった。

### ②　代表企業の社長となって

　事業規模や多岐にわたる事業内容を鑑み，わが社のPPP事業の責任者でありながらも本事業の最終責任者として現地で指揮を執るべきと判断し，さらに提案段階においてもその覚悟を示す必要もあると考え，プレゼン等においても「自分が社長として責任を取ります」と明言させていただいた。優先交渉権を頂戴し運営権設定議決をいただき，事業契約を締結させていただいたうえで，自分も仙台に居住を始めた。そこで見えてきたことを以下にお示ししたい。

**【図表5-2-11】みやぎ型管理運営方式の主な対象施設**

### 1）実態を持ったSPCの破壊力

　従来のPFIの発想とはまったく違い株主企業に工事や運転委託を発注するなどという発想ではまったくなく，最終的には配当で株主に還元するという方針なので各社から出向してきているメンバーとは利害が完全に一致してチームワークができやすい。また地元に皆が居住しているので，愛着心が強く湧き，如何に地元貢献できるかの思いが増してくる。規模感もあるため仙塩浄化セン

ターの隣接公園のネーミングライツ（多賀城みずむすび公園）や震災復興マラソンへの協賛などにもSPCとしてご協力させていただいている。

### 2）広域事業のメリット

　3事業（上工下），9浄水場・浄化センターが宮城県内北部から南部まで点在，当然の発想として事業を横断した効率的な維持管理や更新を意識している。またそれらを1つひとつではなく集約監視するという発想も生まれやすい。データについても，KPIの設定含めてSPC本社で如何に見える化を考える。進化を続けるSPCといってもよいのではないか。

### 3）SPC社員のマインド

　先述のように，実態を持ったSPCの社員はベクトルの向きがSPCとしての利益の最大化に統一されているためチームワークが良くなるというメリットがあるが，もう1つコンセッション方式ならではの特徴として，従来の事業と比してさまざまなメンバーが構成員となっていることがある。地元企業ももちろんのこと，金融会社なども参画しているため，われわれにはない発想や価値観の勉強となる。これは上下水の持続という発想から地域全体の発展という発想に繋がり，最終的に県や市町村のメリットへつながることを確信している。

### 4）情報発信の重要性

　コンセッション事業は情報の取扱いという意味では従来のPFI事業とはまったくステージが違うという認識である。毎度議会では質問がだされ，地元紙からの取材も相応答えていかねばならない。トラブルや事故などが発生すると即応した発信が求められる。それらのタイミングを外したり，曖昧だったりすると，会社や事業そのものの価値を棄損させる事態になりかねない。そこは覚悟をもって対処する必要があると思っている。ただし，ある意味，すべてをオープンにしていくという開き直りの心境でいればそれほど心配することもないかと思う。

## 4　今後のPPP事業はどうなるか

　あくまで私見だが，理想を含めてその姿を示したい。これまでの細分化された個々の事業（機械や電気，施設や管路など）から下水道なら下水道に関わるあらゆるものを取り扱う事ができる会社が生き残っていくのではないか，より一層個々の事業の経営感覚をもたねばならなくなるのではないか，水分野に留まらない幾多のインフラをバンドリング（シュタットベルケ）するニーズも顕在化していくのではないか。

　そうなると他インフラ企業とのせめぎあいが激しくなっていくことも予想される。大変だが逃げずに水の専門性を極めていけば恐れるに足らずとも思う。精神的な話だが，最後はその地域のことを一番考える，そして水に対する愛情と誇りを忘れない企業が生き残ると確信する。

## 5　あえて懸念事項を語らせていただくと

　2023年6月2日にウォーターPPPなる施策も公表され，まもなく経済財政諮問会議でも取り上げられるようだが，目標数値や期間が設定されていることが逆に安易な案件形成に繋がり，リスク分担や役割分担が曖昧だったり，契約上詰め切れていない事案が増えてしまったりすることが懸念される。何のためにPPPをやるのか，どんなメリットがあるのか，最終系の姿は何なのかを官民双方でよくよく考えていきたいものである。

　また，契約をして事業がスタートした時点で終わったようになってしまうことにも懸念がある。長期の事業は常に進化を続けるものだという相互認識も重要である。

## 6　最後に

　私自身数多くのPPP事業に携わらせていただいてきたが，最近とみに感じていることは，PPP事業の本質は官民が力を合わせてよりよい事業にするべく切磋琢磨していくものであるということである。その考えがあればさまざまな壁を乗り越え素晴らしい事業に仕立て上げることができようかと考える。皆さまが大いにチャレンジされる事を祈念してやまない。

# 第6部

# ウォーターPPP時代の事業運営のあり方

# 第1章

# ウォーターPPP

　本章では，ウォーターPPPのうち，2023年6月に示された新たな方式である「レベル3.5」について，そのポイントや先行類似事例等について詳述する。

## 1 ｜ レベル3.5導入にあたってのポイント

### （1）　レベル3.5の位置づけと意義

　レベル3.5はその名のとおり，従来の包括的民間委託のレベル3と，コンセッションをレベル4と考えたときに，それらの中間に位置付けられるものである。これまでコンセッションが推進されてきたものの，2023年11月時点での導入件数は，水道で1事例，下水道で4事例にとどまっている。包括委託を実施している自治体であっても，コンセッションへの移行は，更新業務を含めて，20年程度の長期にわたって，料金収受権を含む運営権を民間に渡すというものであり，民間活用の方向性が飛躍的に変化するものといえる。必要となる検討量も多く，自治体にとって選択が容易とはいえない状況といわざるをえない。また，運営権の設定は，資産の民間への譲渡を伴わず，料金水準設定の権限も実際には自治体側に残るが，「民営化」と混同されることもあり，地域住民が不安視するといったこともあった。

　その一方で，これまでも，神奈川県箱根地区水道事業，熊本県荒尾市水道事業，群馬東部地域水道事業，岩手県大船渡市下水道事業，茨城県守谷市上下水道事業などにおいて，維持管理と更新関係業務を一体化し民間にゆだねるという，従来の包括委託の概念を超えるような委託事業も形成されてきた。

　レベル3.5は，先駆的に行われてきた管理と更新一体的な事業を上下水道事業のPPP/PFIの枠組みに位置付けるものであり，将来的なコンセッションの導入が有効と判断される自治体においても，レベル3.5からコンセッション（レベル４）へ移行の円滑に行うことができるというものになる。

**【図表6-1-1】各種手法のなかでのレベル3.5の位置づけ**

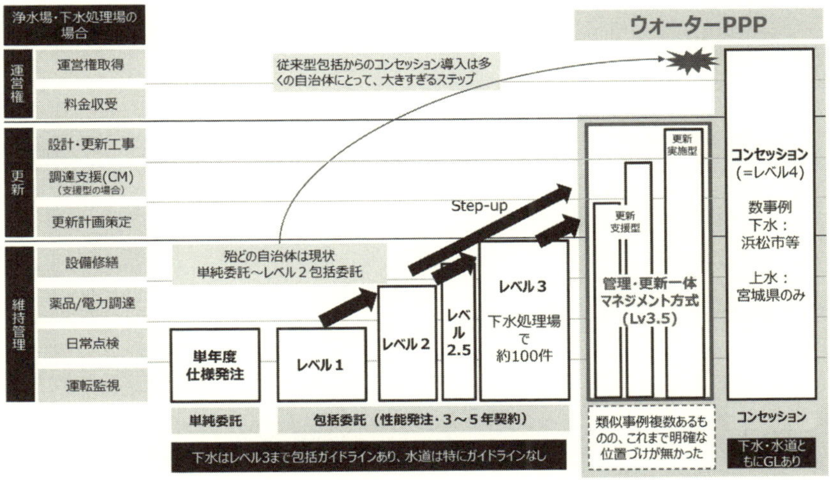

（著者作成）

　上下水道事業の運営において，レベル3.5がもたらす変化はどのようなものだろうか。

　1つには，民間事業者による維持管理から更新までのサイクルの完結という点が挙げられる。これまで，コンセッションや施設の新設・全面建替えのPFIなどの例外を除けば，包括的民間委託を含めた維持管理業務，施設更新等の計画策定業務，設計業務，更新（施工）業務は，それぞれ自治体が個別に発注を

してきた。発注にあたっては，各業務の受注者，特に維持管理会社から寄せられる施設や設備の状況に関する情報を踏まえて，業務仕様などが定まり，いわば，業務間のコーディネート役を自治体が行うという構造であった。しかしながら，昨今において，自治体職員の減少により執行体制が弱体化している場合には，コーディネートをしながら，各種発注をしていくという業務を十分に行うことが困難となる。

　今回のレベル3.5では，更新実施型であれば，民間企業が施設の運転・維持管理をしながら更新計画を考え，設計をして，更新を実施するというサイクルを完結させることができる仕組みといえる。その分の自治体職員は，より上位の事業全体のビジョンや経営計画，料金改定といった自治体が責任をもって検討すべき上位計画などに専念をすることが可能となる。

**【図表6-1-2】従来手法とレベル3.5の比較**

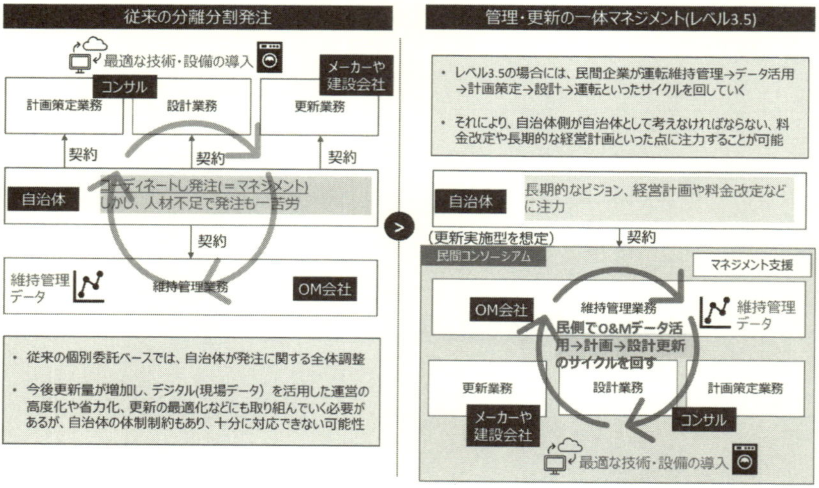

（著者作成）

　従来の分割発注に基づく業界の垣根を越えて，長期・包括的な業務となることで，新たなデジタルツールなどのソリューション開発も促進されると考えられる。例えば，現場の運転・維持管理データを蓄積し，個別設備や施設全体の

修繕や更新のタイミングや内容の最適解を計算するソフトウェアをレベル3.5
受注民間事業者の判断で開発・導入していくといった事業運営の高度化や効率
化の動きが進むと考えられる。自治体が自らソリューションの効果やリスクの
検証等をせずとも，民間事業者において「目利き」をしてくれる，という意味
合いにもなるだろう。

**【図表6-1-3】レベル3.5における企業間連携とソリューション開発のイメージ**

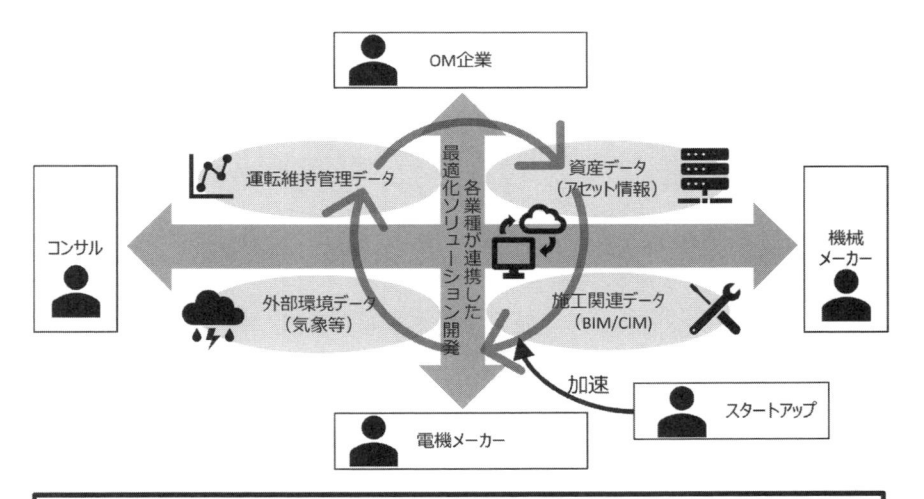

（著者作成）

## （2）　レベル3.5の事業スキーム等に関するポイント

　ウォーターPPP，とりわけ2023年に新たに導入されたレベル3.5について，
実務上のポイントになる点や，導入にあたっての留意点等を整理する。ウォー
ターPPPについては，図表6-1-4の4要件が存在している。

**【図表6-1-4】ウォーターPPPの4要件**

| | | | | | |
|---|---|---|---|---|---|
| 1 | 維持管理と更新の一体マネジメント | ・維持管理と更新【改築や計画等】一体化（更新実施型or更新支援型） | 3 | プロフィットシェア | ・事業開始後もライフサイクルコスト縮減の提案を促進する仕組み |
| 2 | 長期契約 | ・原則10年 | 4 | 性能発注 | ・性能発注を原則とするものの管路については、移行措置として、仕様発注から開始も可 |

（著者作成）

レベル3.5の導入を検討する際に重要なポイントとして，次の点を取り上げる。

- 管理と更新の一体的マネジメントのポイント（更新実施型と更新支援型，更新実施型における更新投資の準備，更新支援型に含まれる業務範囲）
- プロフィットシェアの詳細

### ①　管理と更新の一体的マネジメントのポイント

レベル3.5には，更新実施型と更新支援型があることは**第1部**でも取り上げたが，それぞれの具体的な事業モデルについて整理する。

### ア　更新実施型

更新実施型の実施にあたってのポイントとしては，原則10年とされる事業期間のなかで，維持管理経験に基づく更新計画の立案と更新実施のサイクルを回していくという点となる。従来のPFIやDBOなどにおいて事業期間の冒頭に設備投資的な業務が発生するのに対して，更新実施型では，期中に維持管理経験を起点とする更新サイクルが回ることが重要となる。

更新実施型で行われる更新投資については，基本的には，事業者選定段階で事業期間中に想定される更新投資の内容や額について，提案者から提案を受けることが基本形となると考えられる[55]。そのため，民間事業者が更新業務に関する的確な提案を作成することができるように，施設や設備情報の開示や，提

---

[55] なお，神奈川県箱根地区（神奈川県営水道）の水道事業の包括委託（2024年度からの第3期）では，事業期間10年のうち後半5年分の更新は，期中で変更契約を締結することとし，その際に更新内容や更新金額は協議・決定するとされている。

案段階での事業者側による現地調査や質問回答等の機会設定が重要となる。

　また，事業者選定における更新業務部分も含んだ予定価格の設定や，準備段階での事業評価としてのVFM算定に用いられるPSCなど，公共側で「自らが実施する場合の想定される更新内容と価格」を算定しておくことも必要となる。

　このように更新実施型については，更新業務も含めた事業サイクルを一貫して民間事業者に委ねることで，民間事業者による工夫や改善を期待することができる一方で，事前の準備作業が一定発生することとなる。

### イ　更新支援型

　更新支援型については，更新計画案の策定にどのような業務を含むか，が主な論点となる。

　例えば下水道事業では，更新計画を策定するまでのステップとして，管路や設備の劣化状況調査を行い，中長期的な更新需要を予測し（ストックマネジメント実施方針），そのうえで，中期的に改築と修繕をいつどのような管路や設備に対して行うのか（ストックマネジメント計画）を検討する，という形で更新計画が固まるというステップが一般的だ。こうしたいわゆるコンサルタント業務についてどこまでを事業範囲とするかを検討する必要がある。なお，国土交通省「下水道分野におけるウォーターPPP（主に管理・更新一体マネジメント方式）に関するQ&A」にて，2024年3月に追加された回答によれば，受託者による更新計画案作成とは，「管理者の確認を経て，そのまま管理者が策定するストックマネジメント計画になりうるもの」であるとされており，具体的な更新計画案の姿も徐々に明らかになってきている。

　また，更新支援型では，更新業務の発注は地方自治体が行うが，発注にあたっての基本設計や実施設計といった設計業務もどの程度含むのか，という点も検討が必要となる。

　さらに，いわゆるコンストラクションマネジメント（CM）業務，つまり，地方自治体が発注をするために必要とする書類や事業者選定の支援業務を含むことも地方自治体の任意で可能とされており，そうした業務を含むべきか，という点も論点となる。

　もう1つの論点としては，民間事業者が更新計画案を策定したときに，その

更新計画案の内容に基づいて地方自治体側で発注をしていくこととなるため，内容を官側で確認し，理解をするというプロセスが必要となると考えられる点だ。官側で十分な確認をする能力に不安がある場合には，地方自治体側が確認をするうえでの支援を行う者を起用する必要が生じる。

**【図表6-1-5】レベル3.5の検討・実施の流れのイメージと主な論点**

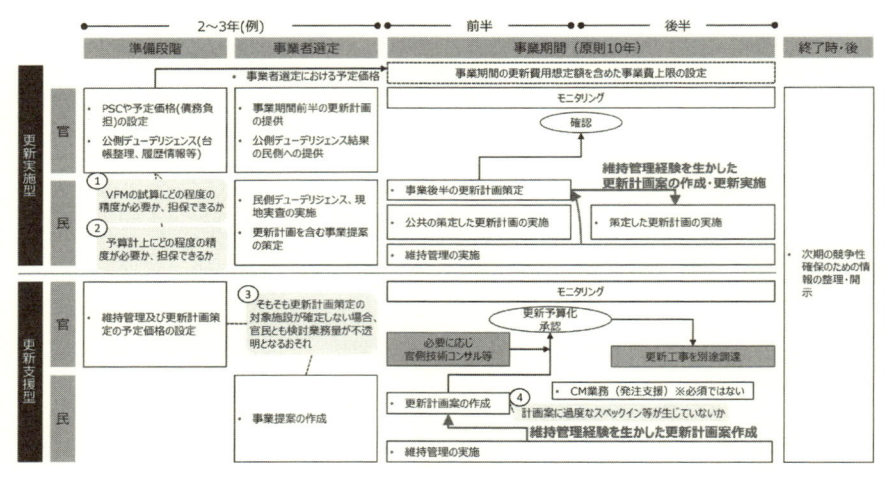

（著者作成）

## ②　プロフィットシェアの詳細

　今回，ウォーターPPPの4要件の1つとなっているプロフィットシェアについては，その具体的な仕組みを整理し，契約書等における規定内容としていく必要がある。

　「プロフィットシェア」という名称からは，民間事業者に生じた利益をシェアするような印象も持ち得るが，PPP/FFI推進アクションプラン上も「事業開始後もライフサイクルコスト縮減の提案を促進する」ことが目的とされていることから，利益を地方自治体側にシェアするという形である必要はない。

　包括的民間委託やレベル3.5の類似事例を参考にすると，次のようなプロフィットシェアの形が想定できる。

　包括的民間委託においては，「インセンティブ条項」という形で，委託契約額と，企業努力によって縮減された実際の費用の差分を精算しないことで，民間企業側のインセンティブとしているケースがある。そのような条項を契約上設けることの必要性や具体的な定め方の事例等については，「処理場等包括的民間委託導入ガイドライン」（日本下水道協会）においても記載がされており参考となるだろう。

　また，例えば荒尾市の水道事業包括委託では，契約書において，事業期間中に民間事業者から市に対して業務改善提案をすることができ，その結果生じた経費縮減効果について民間事業者側にシェアすることができる旨が定められている。このような規定も，ウォーターPPPにプロフィットシェアの要素をもたらす契約内容といえるだろう。

**【図表6-1-6】プロフィットシェアに類する契約条項の例**

（業務改善提案）
第 19 条　受託事業者は、本事業に関する業務について、業務要求水準書又は仕様書等で示す手法より効果的かつ効率的な業務手法を市に提案することができる。
2　市は、前項により提案された業務手法について検討した結果、当該業務をより効果的かつ効率的に実施できると判断した場合、これを取り入れることができる。
3　前項の業務改善に係る費用は、市と受託事業者で協議の上決定するものとし、必要に応じて本契約の契約金額に反映させるものとする。
4　第2項において、提案された業務手法により当初に比べて市の経費節減効果が明らかとなる場合、受託事業者は、経費節減効果に相当する金額のうち一定割合を受け取ることができる。なお、当該割合については、市と受託事業者で協議の上、決定する。

出所：荒尾市水道事業包括委託（第2ステージ）業務委託契約書（案）より引用（下線部は筆者）

　さらに，富士市下水道事業における包括委託では，第5期からは「投資提案制度」と呼ばれる仕組みが導入されている。具体的には，汚泥量削減に資する設備を民側で導入（投資を民側負担で実施）し，それによる汚泥発生量減少（富士市における処分費用などの減）の効果を官民で共有（民に90％シェア）する仕組みとなっている。このように業務範囲に含まれない部分での公共側コスト縮減をシェアする方法や更新投資に紐づけたプロフィットシェア的な仕組みなど多様なプロフィットシェアの仕組みも想定される。

### ③　事業評価の効果的な実施による事業規律確保

　荒尾市や神奈川県箱根地区の水道包括委託では，委託の実施期間途中または終了時のタイミングで「事業評価」を行っている[56,57]。

　事業評価では，包括委託が実施されるなかで，民間企業のノウハウや提案内容の履行によって，サービス向上，人材や技術の確保，経営改善がどの程度果たされたのかを分析し，今後の課題なども抽出している。分析にあたっては，日本水道協会などが示している業務指標（PI）や独自設定指標の達成状況なども用いた定量的な分析，評価のほか，市民アンケートや学識経験者意見なども踏まえて成果や課題を取りまとめている。

　今後，ウォーターPPP，とりわけレベル3.5が各地で同時的に導入されていく場合，民間側リソースにも限りがある状況下では，個別の事業における競争性が低下する可能性もあるのは否めないだろう。とりわけ，1期目から2期目への競争性が極めて限定的なものとなる可能性もある。

　そうした場合に備えて，事業評価を実施することは，仮に競争性が限定的な場合でも，民間事業者に対して，当期または次期の事業改善への期待や，課題点の解決を促すようなメッセージを伝えるツールとなり得る。

　要求水準や提案内容の履行状況確認が主な役割となるモニタリングと併せて，事業評価を行うことで，「行政の提示した基準を満たしてもらう」ことに加えて，「褒めるべき点を褒め，改善への期待も伝える」ことが可能となるともいえる。もちろん，民間事業者側へ合理性を欠いた指摘をしたり，過剰要求をしては本末転倒であるということはいうまでもないが，公と民の間でのウォーターPPP時代のコミュニケーションのあり方も今後の重要なテーマだろう。

---

56　「包括委託を導入したことによる荒尾市水道事業等への評価及び検証報告書」（2019年3月29日，EY新日本有限責任監査法人）https://www.city.arao.lg.jp/kana/kurashi/suido/jigyo/page13649.html

57　「箱根地区水道事業包括委託（第1期）最終評価報告書」（2020年3月，神奈川県企業庁）https://www.pref.kanagawa.jp/documents/102105/saisuu.pdf

**【図表6-1-7】荒尾市における水道包括委託への事業評価の概要**

- 事業診断では、**包括委託導入にあたっての市として設定した課題**を起点とし、人的基盤の確保、給水サービスの維持向上及び需要減少下での経営の維持の**3つの着眼点**で市水道事業の現状を整理する。
- また、個々の着眼点を踏まえて、**包括委託による影響がありうる項目**を設定したうえで、それに対応する適切な**事業診断指標**を設定し、**包括委託導入による効果と課題**を整理する。
- なお、包括委託導入による効果と課題については、有識者からの意見を反映している。

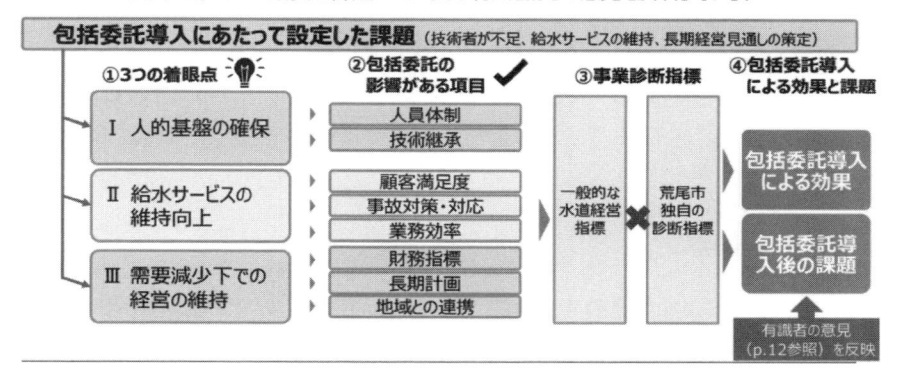

出所：EY新日本有限責任監査法人「包括委託を導入したことによる荒尾市水道事業等への評価及び検証報告書」（2019年）

## 2 すでに導入されているレベル3.5類似事例

　上下水道事業では，すでにいくつかの地方自治体で，レベル3.5に類似した事業が開始されている。その多くは，運転・維持管理と更新関係業務を一体化したものや，運転維持管理を中心とした包括委託でありながらも事業期間を10年としているものである。今後のレベル3.5の普及拡大のなかでも参考となる先導的事例として，運転・維持管理と更新関係業務を一体的に契約している事例を取り上げる[58]。

### （1） 水道事業におけるレベル3.5類似事例

　水道事業では，熊本県荒尾市，群馬東部地区（群馬東部水道企業団），神奈川県箱根地区（神奈川県営水道）で行われている事業がいずれも事業期間は10年には満たないものの，維持管理と更新が一体化されている。また，いずれの事業も，浄水場・管路という水道事業の全体に渡って，運転・維持管理と更新を含む形となっている。

---

[58] 運転・維持管理と更新関係業務の一体化事例を紹介しているものであり，ウォーターPPPの4要件（他に契約期間，性能発注およびプロフィットシェア）をすべて満たしているかについては考慮していない。

**【図表6-1-8】水道事業におけるレベル3.5類似事例**

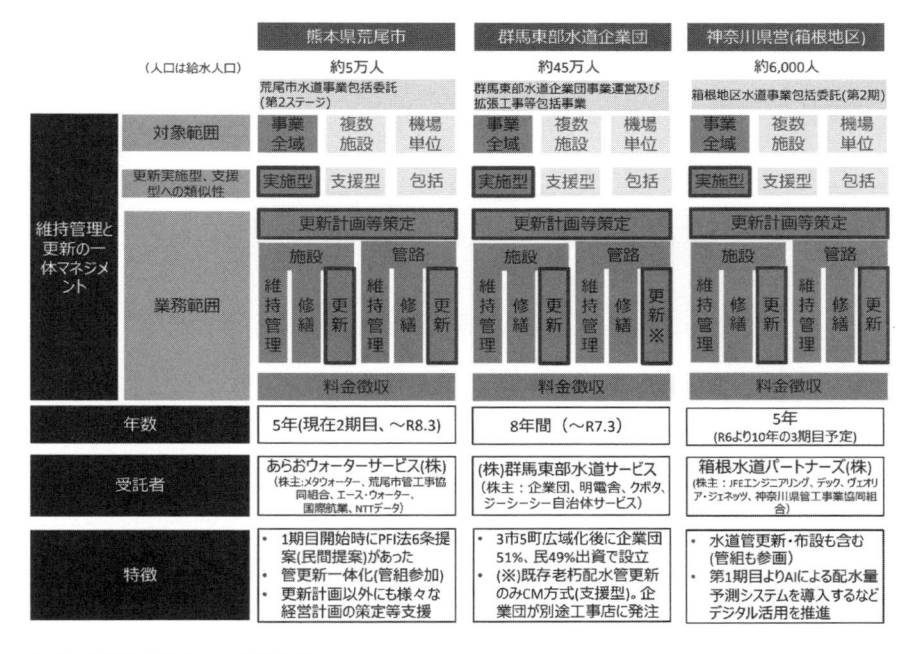

出所：各種公表資料より著者作成

## （2）　下水道事業におけるレベル3.5類似事例

　下水道事業においては，岩手県大船渡市，静岡県富士市および大阪府流域下水道（今池水みらいセンター）において，運転・維持管理と更新関係業務を一体化した業務が実施されている。

**【図表6-1-9】下水道事業におけるレベル3.5類似事例**

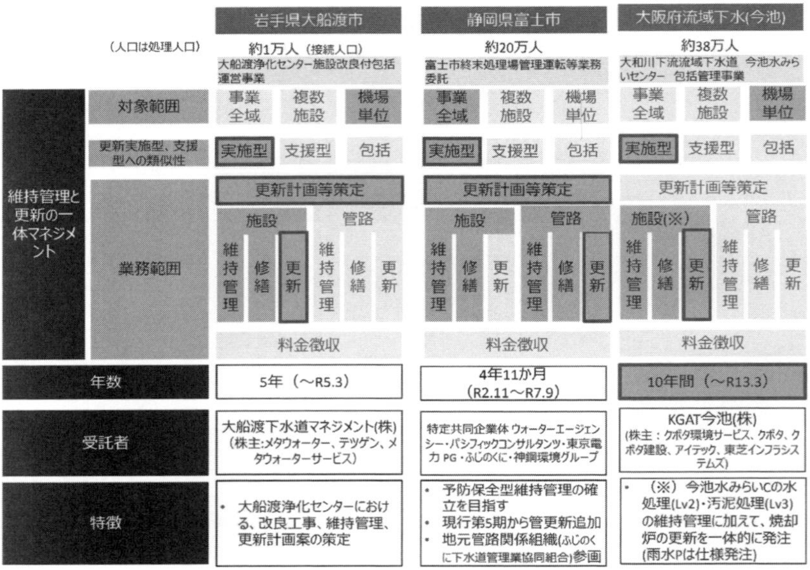

出所：各種公表資料より著者作成

## （3）　下水道管路や上下水道一体のレベル3.5類似事例

　下水道管路領域では，すでに全国で約50の包括委託が実施されている。その業務内容は，維持管理業務（下水道管路内の清掃，調査点検，補修等）をパッケージ化したものも多いが，大阪府大阪狭山市や千葉県柏市のように，下水道管路領域で，維持管理から更新までを一体化した事業も行われている。

　また，茨城県守谷市では，上下水道の処理施設を一体の契約として，運転・維持管理と更新計画の策定業務を10年の期間にわたって委託しており，上下水道一体での更新支援型として，レベル3.5類似事例[59]として特に先導的な色合いが強い。

---

59　守谷市の事例は，委託期間も10年であるほか，プロフィットシェア条項や性能発注の要素を備えた契約であり，ウォーターPPPの4要件の適合も図られていると考えらえる。

【図表6-1-10】下水道管路や上下水道一体のレベル3.5類似事例

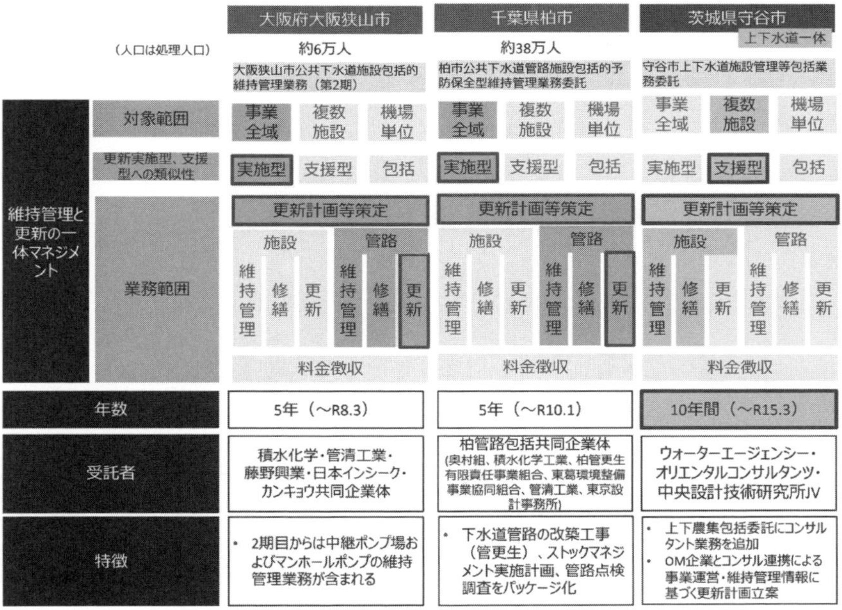

出所：各種公表資料より著者作成

## 3　ウォーターPPPと民間水関係企業

　ウォーターPPPは，コンセッションであっても，レベル3.5であっても，運転・維持管理，更新計画の策定や設計，そして，レベル3.5の更新支援型を除くと更新業務までが一体化される。また，維持管理を起点として，維持管理情報を生かした更新計画の策定や更新業務の実施が，管理と更新の一体化という観点から要件となっている点はすでに解説したとおりだ。

　従来の包括委託は，O&M専業会社やメーカー（主に機械メーカー）の子会社であるO&M会社が受注していることが多かった。コンセッションも同様であるが，レベル3.5案件は，O&M会社に加えて，更新計画を策定する設計コンサルタントや更新業務を担う機械メーカー，電気メーカーや建設会社からなる

座組となり，維持管理で得られた情報等をどのようにして効率的・効果的な施設更新につなげるか，という点が問われる。

　また，従来型のPFIでも，O&M企業，設計コンサルタント，メーカーからなる座組は一般的ではあった。しかしながら，従来型PFIでは，新たに施設を建設または全面更新するという事業となるため，「施設を建て・設備を納入し，完成したら残りの事業期間分の維持管理を行う」ことに主眼が置かれ，維持管理と更新のマネジメントを求めるウォーターPPPとは民間企業に求められる役割が異なってくる。

　このように，O&M企業にも更新計画や更新業務に関する知見がより求められ，メーカーにも維持管理に関する知見がより求められるということからすると，ウォーターPPPが推進されることは，これまでの水関連産業の分業体制が見直されるきっかけとなる可能性もある。

　また，これまで地方自治体における計画策定や設計等を支援してきた設計コンサルタント企業は，更新支援型であれば，O&M会社と連携して，更新実施型であれば，メーカー等と連携して受注企業側に入ることとなると考えられる。従来「公共側」の立ち位置であった設計コンサルタント業界が，「プレーヤー側」に回る動きも加速化[60]していくと考えられる。

---

60　すでにコンセッション方式においても，設計コンサルタント会社が受注企業コンソーシアムに入り，運営権者（SPC）に出資をしているケースが複数ある

【図表6-1-10】上下水道に関係する主な民間企業

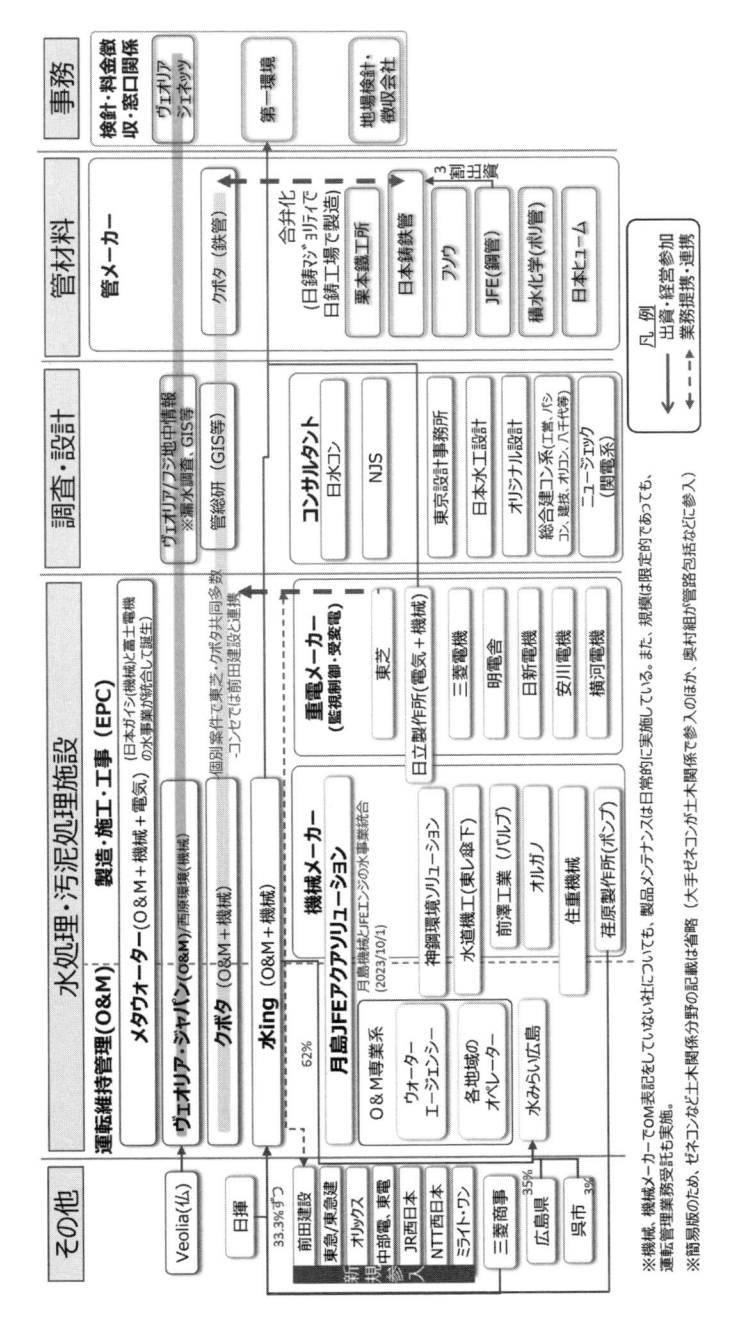

※機械、機械メーカーでOM表記をしていない社についても、製品メンテナンスは日常的に実施している。また、規模は限定的であっても、運転管理業務受託も実施。

※簡易版のため、ゼネコンが土木関係で参入のほか、奥村組が管路包括などに参入）

出所：各種公表資料より著者作成

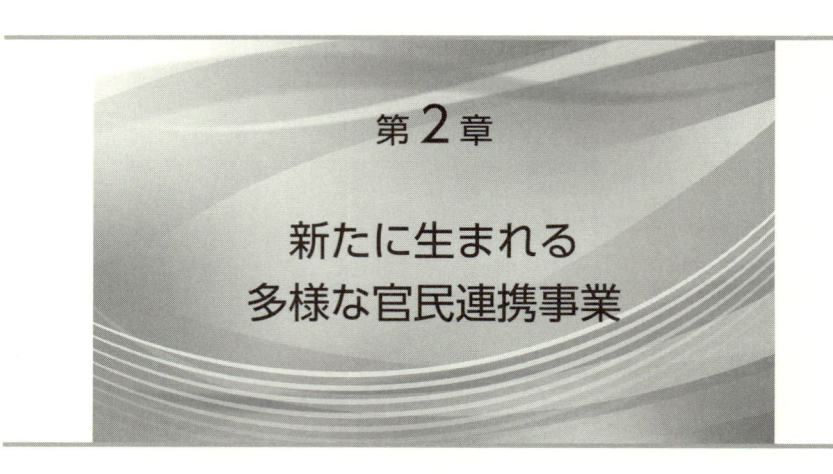

第2章

新たに生まれる
多様な官民連携事業

　ここまで主に水道事業，下水道事業または上下水道一体での官民連携事業についてさまざまな事例を紹介してきた。本章では，広域化施策や上下水道以外の分野との連携の要素を持つ，新たな官民連携のモデルを紹介する。

　今後，各地で人口規模が減少し，担い手不足も深刻化していく場合，地方自治体それぞれの上下水道事業に限ることなく，より広域的で，上下水道事業以外のインフラも含む複合的な事業モデルを追及することが，規模のメリットや自治体における発注の一括化といった観点で有益になる可能性があると考えられる。

## 1 広域的官民連携（秋田県における官民出資による広域補完組織の組成）

　秋田県では，官民連携と広域化を組み合わせた新たな事業運営モデルが動き始めた。同県と県内の25市町村がそれぞれ運営する，下水道をはじめとした農業集落排水や浄化槽を含む生活排水処理事業の運営に関する業務の一部を民間に委託するものである。

## （1）　秋田県補完組織構想の特徴

　本事業の特徴は，その広域的枠組みと民間活用の方法にある。

　まず，広域的枠組みという観点では，県は，県下の25市町村とそれぞれ，地方自治法上の連携協約（秋田県と各市町村における生活排水処理事業の運営に係る連携協約書）を締結した[61]。連携協約に基づき，経営戦略の策定やストックマネジメント計画の策定といった経営マネジメントに関する生活排水関係業務を市町村のニーズに応じてから県に業務委託をする，という「公公」連携の形で業務の集約化を図る形とした。

【図表6-2-1】秋田県において官民出資会社を通じた広域連携を行う事業範囲

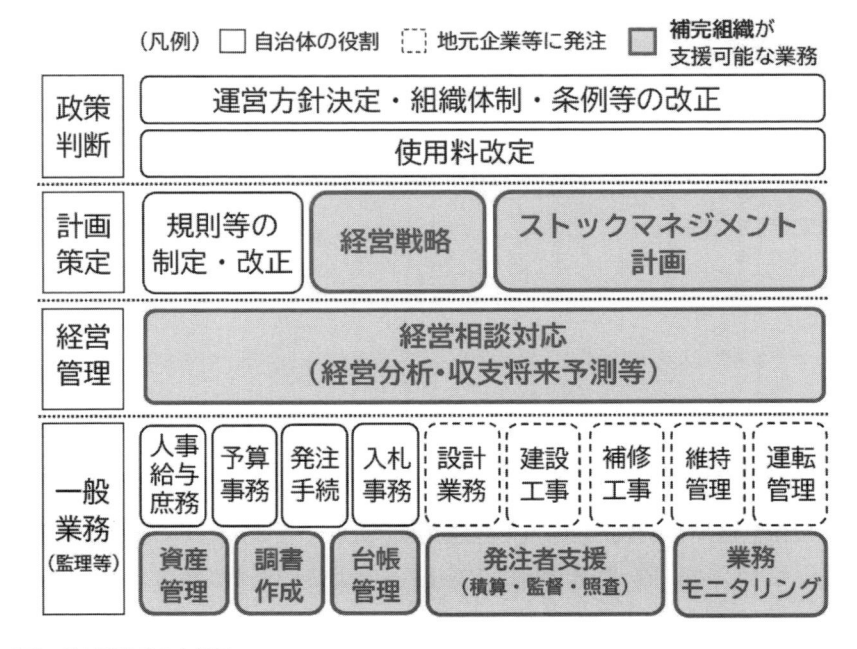

出所：秋田県資料より引用

---

61　地方自治法第252条の２。地方自治体が，他の地方自治体と連携して事務を処理するにあたっての基本的な方針および役割分担を定める制度であり，議会の議決を経る。また，紛争が発生した場合は，自治紛争処理委員による処理方策の提示を求め，提示を受けることができる。

　民間活用の方法という観点での本件の特徴としては，官民出資会社である「補完組織」の設立が挙げられる。前述のように，市町村から県に業務委託がされたうえで，県の流域下水道の業務と併せて，新設される補完組織（官民出資会社）へ県が委託する形となった。

　補完組織の株主構成は，秋田県が18.21％，市町村が合計で32.79％，県が事務局となり公募される民間企業（パートナー事業者）が49％を保有する設計とされた。パートナー事業者は公募の結果2023年10月に「日水コン・秋田銀行・友愛ビルサービスグループ」が選定され，株式会社ONE・AQITA（ワン・アキタ）が設立されることとなった。

**【図表6-2-2】秋田県において官民出資会社を通じた広域連携を行う事業範囲**

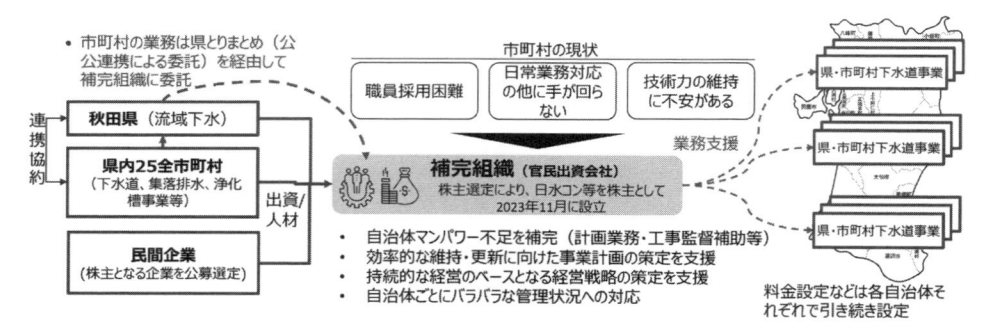

出所：各種公表資料より著者作成

## （2）　秋田県補完組織構想の意義

　この枠組みによって，県内の下水道事業を統合することなく，新設される会社を通じて，県と市町村がサービスの提供を受けることができるようになった。受け皿となる会社を通じた広域化が図られることとなったといえる。上下水道事業では，広域化が推進されているものの，料金水準の地域差や職員の勤務条件や給与水準などさまざまな要因で，事業統合が必ずしも進んでいるとはいえない状況下で，自治体の境界線を意識する必要のない受け皿株式会社を通じて広域化が全県単位で進み，単独では体制整備やマネジメントが困難となってい

る市町村でも経営改善を進めることができる点が特徴的だ。

　また，官民出資となる補完組織は，株主となる民間企業の人材やノウハウの提供を受けることが可能となる。公募におけるパートナーの提案では，成長戦略として，広域情報プラットフォームの構築や，AIなどDXの実装，広域的な維持管理・改築更新を含めた支援が予定されている。また，長期的な水以外のインフラや公共サービス面での一体化といったシュタットベルケ化を視野に入れた取組みも視野に入っており，地域の雇用・経済の循環・発展が企図されている。

**【図表6-2-3】官民出資会社の株主となる民間企業コンソーシアム提案**

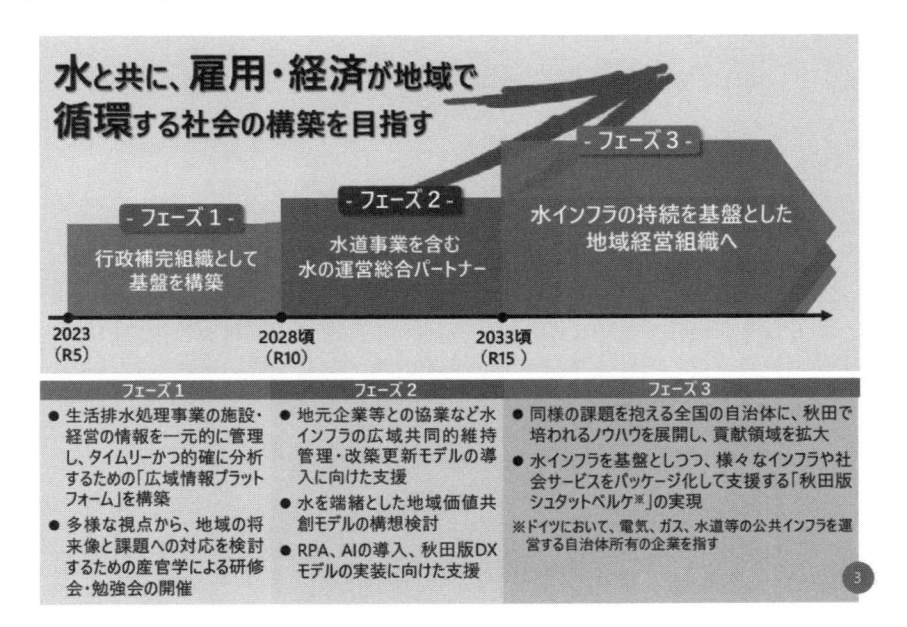

出所：秋田県公表資料より引用

コラム4

## 官民出資による新たな事業マネジメント組織の設立

秋田県出納局　参事　高橋 知道

### 1．はじめに

　下水道は地域を支える公営企業として，住民に衛生的な住環境を提供し，良好な水環境の保全に貢献してきた。この地域を支える重要な水インフラも近年，処理施設などの老朽化に伴い改築更新の需要もピークを迎えており，一方，それを支える地方の財政状況も少子高齢化や人口減少により，自主財源の確保も困難な厳しい状況にある。また，頻発する集中豪雨や地震などの災害時では，初動対応や復旧で先頭に立つ技術職員が不足するほか，建設企業においても人材不足が課題となっている。将来にわたり下水道事業を健全に運営するためには，経営基盤の強化と執行体制の充実を図る仕組みを新たに創る必要がある。

　人口減少率が全国一の秋田県は，日本の地方における将来像をいち早く示しており，地方自治体連携による広域化を進めることで，住民の将来負担を軽減するよう新たな事業を立ち上げてきた。さらに，さまざまな事業運営手法を模索しながら，全国的に事例がない取組みにも挑戦している地方自治体である。国立社会保障・人口問題研究所の将来人口推計によると，現在，92万人（2023）である秋田県の人口も20年後には62万人となり，さらにその約半数は65歳以上である超高齢社会が急激に訪れることが示されている。この予見される社会情勢に沿った水インフラの持続的な運営を実現すべく事業形態を変化させる必要があるが，急激な人口減少が加速するなか，時間的な余裕は限られている。

### 2．広域化・共同化にむけた都道府県の役割

　経営改善に向けた事業の遅れは，住民の不利益につながる。

　しかし，地方の地方自治体では，それに取り組む担当職員は行財政改革の名のもと，人数は最低限に抑えられ，技術職員も配置されていない地方自治体も

多くある。この執行体制の脆弱化は，事業運営で抱える課題の解決を先送りすることや，中長期的な視点での経営戦略が形骸化する危険性をはらんでいる。

　都道府県は，この市町村が持つさまざまな課題について，歩調を合わせながら解決策を考え，ともに上下水道事業を支えていく姿勢が求められる。行政界全体を見渡し，地方自治体連携による広域化・共同化の施策を展開できるのが都道府県であり，従来の市町村指導から地方自治体の間をつなぐ役割に転じていく必要がある。個々の地方自治体では解決困難な課題も広域的な事業とすることで，地域課題を一気に解決する可能性が生まれてくる。

　秋田県では2010年より「機能合体」をキーワードに県と市町村との協働により，地域の自立と活性化を目指す取組みを進めてきた。下水道分野では，B-DASH（下水道革新的技術実証事業）技術により単独公共下水道と流域下水道の処理区統合や，広域的な汚泥処理をDBO方式で実現するなど，県・市町村連携の実績を積み上げてきている。

　今後は，地方自治体連携や官民連携が経営基盤強化への重要なキーワードとなる。発注者である官が仕様を定め，受注者である民による創意工夫が制限されることなどは過去のものにしていかなければならない。

　2018年1月に4省（総務省，農林水産省，国土交通省，環境省）より都道府県に対し，「広域化・共同化計画」の策定要請がされたが，計画策定においては「全体最適を目指すこと」，また「できるところから取り組むこと」を求めている。この計画を「できるところから」着実に進めるためにも，都道府県は，市町村と対等に向き合い，民間のノウハウも賢く取り入れながら事業を先導する役割がある。

## 3．これからの地方の上下水道に求められるもの

　下水道普及率の向上を目指し，建設に次ぐ建設を経験してきた熟練職員も次々と役所を去る年齢となり，下水道特有のノウハウや技術力のレベルを保つことが一層困難になっている。秋田県の市町村では，ここ10年間で下水道関係の職員数は約3割減少し，整備促進の時代から管理運営の時代となる今，担当職員は，現場に触れる機会も少なく，また，複数の兼務業務を抱えており，円滑な事業執行は危機的状況にある。

　下水道事業運営は，本来，土木や設備，水質，企業会計など多くの分野の人材と知識を必要とし，また，問題の解決を経験知に頼ることも多い分野である。そのため，今でこそ市町村において，十分ではない事務を補完し，中長期的な視点で事業のあり方を考えることができる体制に整えることが地方では求められる。事業に対する専門的見地からの1つの助言や見直しが将来負担を大きく変えていく。そのため，専門知識を有する「守り人」が地域にいることが望まれる。

　また，上下水道事業を支えてきた地元の民間企業に目を向けると，地方自治体以上に大きな問題を抱えている。特に若い世代が下水道分野に就職を希望せず，人員不足の状況が通常となっており，10年間以上人材を確保できないまま高齢化が進む企業も多い。つまり，老朽化する下水道施設を老老介護しなければならない状況が地方の水インフラの現実である。

　これらの状況を踏まえると，地方における事業の将来像を見据えた事業のマネジメントを地域の限られたリソースとなる「人」材を中心に，身の丈に合った事業運営を地域の官民がともに考えながら，水インフラを守る仕組みが望まれる。

　一方，下水道事業は大規模な装置産業であり，地方のみでは調達や保守，処理システム構築などは不可能であり，どうしても専門企業に委ねなければならない。これは経営において高い投資となるため，事業マネジメントにおいては，更新サイクルの短い処理システムに注視する必要がある。設備機器など約20年の更新サイクルのものは，秋田県のように急激に人口減少が進む地方自治体では，次期更新時の地方の姿が，今とまったく異なるため，更新計画を将来像にうまく合わせなければならない。

　今後，広域化・共同化事業の本格化に伴い，効率的な処理技術や脱炭素化技術，下水道DXのニーズが高まるほか，流入量減少に対応する処理施設のダウンサイジング技術も重要になる。進化する民間の技術力や組織力をうまく活用するためには，PPP/PFIにより民間企業の提案を求め，真に経営改善に資する提案であるか見極めるよう，知見を高める必要が地方にはある。

## 4．なぜ官民出資会社を選んだのか

　下水道事業の執行体制の脆弱化が進むなか，全国では官民出資会社や下水道公社などのさまざまな第三者組織が事業運営を支援しているが，秋田県では，県内自治体の事業マネジメントを担う広域補完組織を官民出資による株式会社を設立した。この会社は，県内すべての自治体が出資している会社であり，秋田に寄り添い水ビジネスの活性化に意欲を持つ民間パートナーと協働で地域課題の解決に取り組もうとする新たな官民連携の形態である。

　また，県が進める「広域化・共同化計画」における最も重要な取組みとして位置づけており，上下水道事業における新たな広域連携の姿を目指している。

【図表6-2-4】広域補完組織　設立スキーム

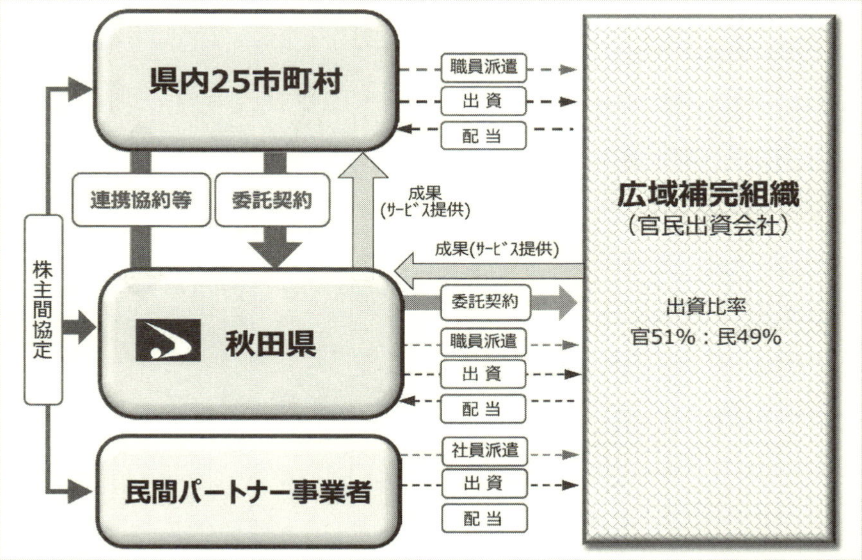

出所：秋田県資料

　持続的に事業運営するためには，投資・財政計画を社会情勢の変化に適合させ，広域化・共同化においても新たなPPP/PFI事業を創出するなど，事業を取り巻く複数の要素をうまく融合させる高度な事業マネジメント力がポイント

となる。急激な人口減少下にある秋田県では，いち早くそれに対応させるため，広域補完組織は，市町村における事業運営の高度業務を補完していく役割を担うものである。

　具体的には使用料改定や事業運営方針など，各地方自治体の首長の政策判断や住民理解が必要となる事務は，市町村が自ら担うべき事務として権限はそのままとし，その政策判断に至る投資財政計画や経営シミュレーション，ストックマネジメント計画の見直しなどの高度業務を補完することとしている。

　この業務は，経営戦略などの見直し時期や，各市町村の体制状況などにより，その事務量は毎年異なってくる。設立当初は少数精鋭のメンバーでスタートするため，業務量を平準化する必要があるものの，将来的にはオーダーメイドで保管業務を受託可能な体制に整える予定である。また，地方自治法上の位置づけとして，市町村の弱みを柔軟に対応するため，事務の境界を定めるような「事務の委託」とせず，県と市町村が相互になすべき役割のみを定めた「連携協約」としている。

**【図表6-2-5】広域補完組織が目指す将来像**

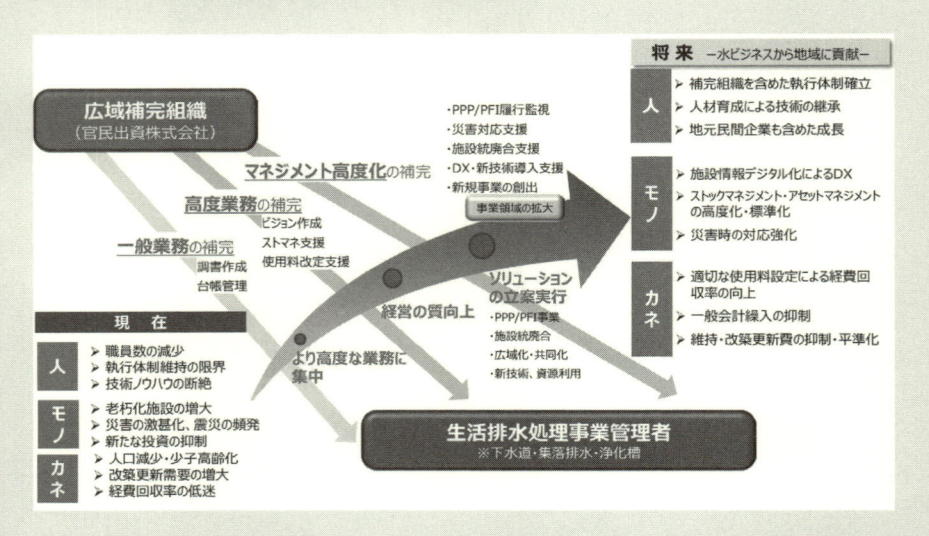

出所：秋田県資料

　この秋田に定着する官と民の人材による水のプロ集団は，下水道事業の権限を有している自治体「官」の強みと，下水道における幅広く，高度な専門知識と即戦力を有する民間企業「民」の強みを活かす組織であり，「官民出資株式会社」とすることで専門人材を早期に集結させることを可能としている。

　上下水道事業運営の将来の成否を決めるのは，すべては「人」にある。

　県も市町村と同様に下水道分野の熟練職員は少なくなっており，県職員もこの組織に派遣することで，民間の視点から地域課題を解決し，経営する人材となることも狙いとしている。また，職員の退職や人事異動に伴い，ノウハウが断絶される可能性についても，この補完組織が，地域の情報を永続的に蓄積していくことで相当回避されるものと考えている。さらにこの広域補完組織の設立をきっかけとして，市場が縮小する秋田県においては，圧倒的に都市部より有益な情報が少ない状況も解消され，秋田の水分野産業の活性化に，よりスピード感が増していくのではないだろうか。

　また，将来的には，株式会社の優位性を活かして，新たな事業領域に挑戦する務めがある。水道事業やエネルギー事業など，人口減少下にあっても地域活性化に貢献していくベースがこの会社にはあると考えている。なお，秋田県では，新たな第三セクターを設立しない方針であったが，県とすべての市町村および民間パートナーが参画して広域連携と官民連携を進める方向性が，今，地方でこそ必要で重要であることが県民から認められ，設立に至ることができた。

　地方自治体の思いを受けたこの組織が，水がベースとなる新たな地域経営モデルとして，成長していくことを願っている。

【図表6-2-6】秋田県と全25市町村の連携協約締結

出所：秋田県資料

https://www.pref.akita.lg.jp/pages/archive/64986
秋田県広域補完組織の検討に関する情報

### コラム５

## ドイツのシュタットベルケ

### １　シュタットベルケとは

　ドイツの自治体は，ドイツ基本法（Grundgesetz für die Bundesrepublik Deutschland）28条を根拠に地方自治が保障されており，地域に関するすべての事項を自己の責任において規律する権利を有するとされている。また，ドイツ人の「生存配慮」（Daseinsvorsorge）の基本権利を守ることを目的に，自治体が公共サービス提供の保障責任（Gewährleistungspflicht）と遂行責任（Erfüllungspflicht）を負っているとされている。

　そのようななか，シュタットベルケは，シュタット（都市，市，町など）とベルケ（仕事，作業など）が指すとおり，自治体に提供が課せられた公共サービスの担い手として設立された民間企業である。シュタットベルケが担う事業は，地域の電気・ガス・熱供給などのエネルギーや上下水道などのネットワークインフラに加えて，プール，駐車場，地域交通事業などを含めたインフラ・公共サービスが対象である。

### ２．シュタットベルケを介した地域経済循環

　シュタットベルケが担う事業のうち，自由化された電気やガスはもちろん，地域独占の水道事業も料金回収の原則が取られており，これらのネットワークインフラは安定利益を上げることを前提とした事業である。一方のプールおよび地域交通事業などは，公共的観点からサービス水準に見合った料金設定を行うことが難しく，自治体から低廉価格でのサービス提供が義務付けられている場合も多く，シュタットベルケのなかでは赤字事業となっていることが一般的である。

　なぜシュタットベルケは民間企業でありながら赤字事業まで担っているのか。シュタットベルケは自治体が出資した公的企業であり，自治体から当該業務を義務付けられているのが，理由の１つである。加えて，持株会社方式を採用す

るシュタットベルケでは，黒字子会社の所得と赤字子会社の損失を相殺して課税所得を算定することで，一種の節税（法人税など）を行うことが許容されている。これにより，地域で得られた収益の一部を，税（法人税など）として自治体外に流出させることなく，地域のための事業へ直接充当させることで，料金やサービスの対価などの域内循環を可能としている。このような資金の域内循環の仕組みを構築することは，自治体の政策方針に沿った事業へ資金を自由に配分できるというメリットにもつながる。

## 3．組織の監督と執行の分離によるガバナンス

　もともと，シュタットベルケは，地域におけるガス灯の設置などから始まったものなども多く，一世紀以上の歴史を有し，時代のニーズに合わせて徐々に地域内におけるインフラ・公共サービスの提供範囲を拡大し，総合サービス提供事業者としての市民権を確立している。その事業形態は，民間企業ではあるものの，自治体が出資した会社である。

　日本では，第三セクターなどの失敗などで語られるように，自治体出資会社のイメージはよいものではない。『地域力の再生　三セク・地域交通・自治体病院の再生モデル』（事業再生実務家協会公企業体再生委員会編，金融財政事情研究会，2007年）および他の論文などでは，日本の第三セクターなどに内在する問題点として次のような点が挙げられている。

- もとより，特定の施設整備などのために「奉加帳方式」によって官民の出資が募られており，責任の所在が曖昧な出資比率の構成となっている。
- 代表取締役，取締役，監査役が自治体の首長・議員などの充て職，または自治体OBの天下りポストと化しており，経営経験や能力に裏打ちされた経営者が配置されていない。
- 監督機能と執行機能が分離されておらず，曖昧になっており，事業の失敗や無駄な投資に歯止めを掛けにくい構造となっている。
- 職員においても，会社経営の経験やノウハウに欠ける自治体のOBなどの天下りとして，腰掛け的な無気力な寄り合い所帯と化している。
- 自治体の顔色を伺いながら経営が行われ，民間レベルのガバナンスに欠け，緊張感を持った経営が行われていない。

- 財務情報の開示システムが十分でないため，住民からの監視圧力も生じにくい。
- 経営が実質破たんしても引き金を引くものがおらず，そこに関与する行動力学によって，経営者に引導を渡す「究極のガバナンス」が有効に機能していない。

　この点，シュタットベルケにおけるガバナンスにおいては，以下のような特徴が挙げられる。

- 自治体は経営に直接関与せず，外部から経営の専門家を経営者として選任し，その経営者にシュタットベルケの経営全般を委ね，機動的な経営を可能としている。
- 自治体はシュタットベルケの「監査役会」を通じて経営執行の事後的な監督に専念することを原則とし，執行権はなく，重要な経営事項についても事前の同意権を有するにとどまる。
- 州の自治体コードにおいて，シュタットベルケの出資者としての自治体に対し，出資会社たるシュタットベルケを含む年度決算書の策定，会計監査の実施や投資報告書の公表が義務付けられており，これに対応する内容がシュタットベルケの定款にも明記されている。
- 監督者である自治体（ないし監査役会）は自ら経営の意思決定をすることはできず，また，経営者は経営成績が悪い場合には解任されるという緊張感のある関係が作り出されている。

　このようなシュタットベルケのガバナンスモデルが構築できた理由としては，経営者専門の人材市場があること，シュタットベルケが古くからの歴史を持ち適任者となる人材が多数存在していること，ドイツ会社法（有限会社法・株式会社法）の規定が経営の監督と執行を明確に分離する内容となっていることなどの背景がある。自治体出資会社あるいは公的サービスを提供する主体としてのあるべきガバナンスを考えるにあたっては極めて重要な示唆に富んでいると考える。

## 4．インフラの持続可能な人材マネジメント

　シュタットベルケは長期のライフサイクルを有するインフラの管理者として，事業の根幹となる人材を維持することに多くの努力と労力を費やしている。公共インフラ分野への人材確保が困難となるなか，シュタットベルケは金銭価値に縛られないTotal Rewardの考え方（給与等の金銭的報酬だけではなく，業務を通じた地域社会への貢献，そのための人材育成制度，納得のいく評価制度などの非金銭価値を総合的に捉えた考え方）を重要視している。

　特に，非金銭価値のなかでもシュタットベルケのマネジメントは，「Public Value（公的価値）」を重視しており，組織のパーパスにもひも付いている。Public Valueは，基礎自治体に課せられた市民の生存権の保障を，インフラという具体的なサービスを通して支えるものであり，職員のモチベーションを形成し，ひいては経営の持続性を高めることに貢献している。

### （1）　欠員を生じさせない工夫，スキルを考慮した計画的な組織マネジメント

　シュタットベルケは，将来の人材計画を見える化し，何年後に誰がどの程度の経験を積み，どのポジションにいるのかを把握できるようにしている。このようなスキルを考慮した組織マネジメントを行うことで，教育コストや人材採用にかかるコストが明らかとなり，長期経営計画にも人材育成に要するコストを織り込んでいる。また，貴重な人材を確保するため，入社前から入社後管理職になるまで一貫した教育制度が整えられている。

### （2）　Public Valueの訴求による人材確保

　シュタットベルケの経営において，近年特に重要視されているものがPublic Valueである。ドイツの基礎自治体は，ドイツ基本法によって住民に対する生存権配慮義務を課せられている。自治体から出資を受けて上下水道サービスを提供するシュタットベルケは，インフラサービスを提供し続けることで，この義務を果たす役割を担っている。このような背景から，シュタットベルケはPublic Valueを追求し，地域貢献といった自社の存在意義（パーパス）の共有によって，リクルーティングや人材の維持に非金銭面で貢献している。

　人材獲得に課題を抱える日本の上下水道事業体においても，企業としての経

済性の発揮と，公的なインフラサービスの提供者としてのPublic Valueの両立する方法を模索し続けることが重要ではないだろうか。

### （3）　シュタットベルケの広域的な連携による人材活用

ドイツでは，人材の採用・育成だけでなく，シュタットベルケという組織自体が中心となり，近隣自治体と広域的に連携していくことで，人材の広域的な活用を実現している。中核となる都市のシュタットベルケが，近隣の自治体から水道事業の管理委託を受けたり，新たに共同でシュタットベルケを設立したりすることで効率化につなげるだけでなく，中核都市のシュタットベルケに所属している人的リソースを近隣自治体とも共有できるようになっている。このような人的リソースの共有により，地方の小規模自治体では配置が難しい機械・電機やデジタルなどの専門家を組織のなかに抱えることができるようになっている。

### 【図表6-2-7】シュタットベルケの特徴

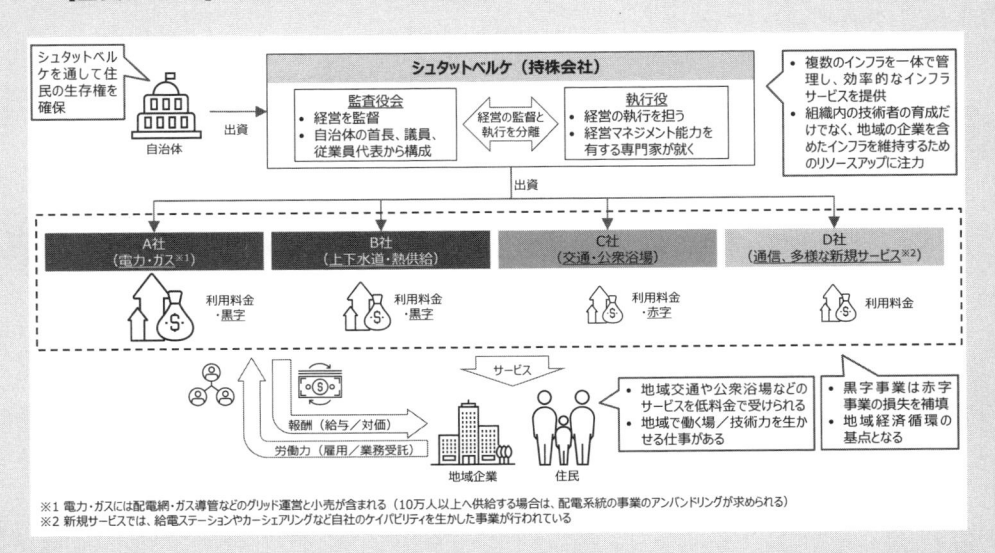

※1 電力・ガスには配電網・ガス導管などのグリッド運営と小売が含まれる（10万人以上へ供給する場合は、配電系統の事業のアンバンドリングが求められる）
※2 新規サービスでは、給電ステーションやカーシェアリングなど自社のケイパビリティを生かした事業が行われている

（著者作成）

　このようにシュタットベルケにおいては，人材採用・育成に注力するだけでなく，組織間の連携による人材リソースの共有化を図ることで貴重な人的リソースを確保・維持し，持続的な事業運営を成し遂げている。

## 2 ｜ 上下水道事業とその他のインフラの複合管理の動き

### （1）　地域インフラ群再生戦略マネジメントの推進

　国土交通省では，2022年12月に社会資本整備審議会・交通政策審議会技術分科会技術部会が「地域インフラ群再生戦略マネジメント（群マネ）」を提言した。

　2012年の中央自動車道笹子トンネル天井板崩落事故を契機に，国土交通省としてインフラの機能・性能を維持し，市民からの信頼を取り戻す試みが開始された。具体的には，インフラ施設の点検，診断，措置，記録からなるメンテナンスサイクルの確立や多様なインフラを維持管理している地方自治体に対する財政支援，新技術や民間活力等の活用によるインフラメンテナンスの効率化・高度化などを目指した。そうした議論や取組みとして，2022年に「群マネ」が提唱されるに至った。「群マネ」では，広域的に，複数のインフラを群として捉えて管理していくことが念頭に置かれており，今後の地方自治体単体でのインフラ管理の苦境を回避するために必要な方策と考えられる。

　上下水道では，新潟県見附市では，道路等と下水道施設の一体的な委託が行われており，新潟県妙高市では，上下水道施設の包括委託（10年）と公営ガス事業の民間譲渡が一括して行われている。また，大分県杵築市では，2023年度に，道路と上下水道を一括して民間委託していくための導入可能性調査を行っている。複合的にインフラを管理することで行政側の発注の回数や手間が縮減したり，受託する民間企業も，同一箇所の複数インフラを同時に点検するなどの合理化や省人化を進めやすくなったりすることが期待される。このようにこれまで整備の段階では，各インフラが縦割り的に計画され整備されてきた状況から，複合的維持管理というものが模索される時代となっているのである。

**【図表6-2-8】「群マネ」のコンセプト**

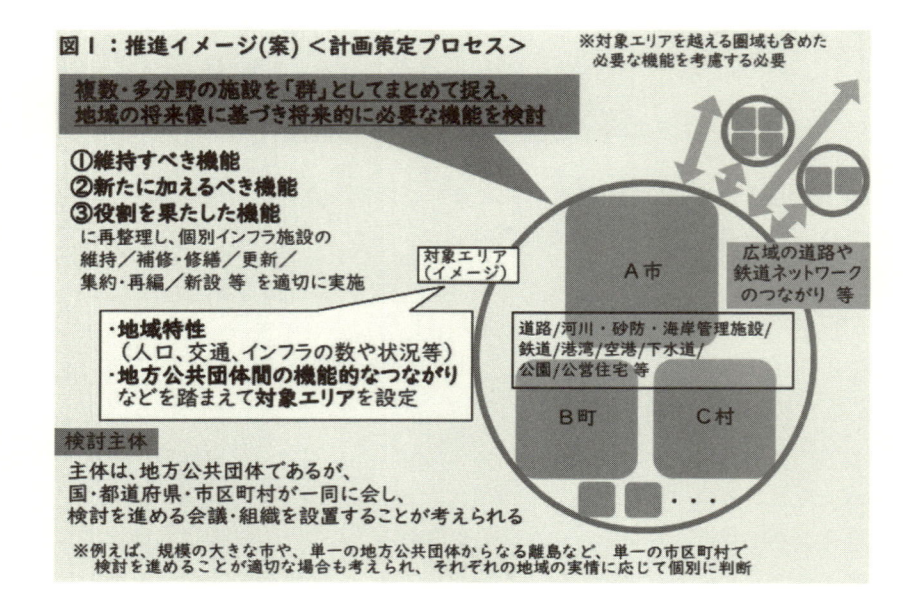

出所：国土交通省資料

### コラム6
## フランスの上下水道事業における官民連携の状況

### 1　義務化により広域化が進むフランスの上下水道事業

　フランスと日本の上下水道事業は，地方自治体が担う公共サービスという観点で共通的な要素が多く，フランスでも広域化が主要な政策課題の1つになっている。2015年に成立した「共和国の新たな地方組織に関する法律（通称：ノートル法）」は，さまざまな公共サービスの広域化推進策を措置しており，その対象には上下水道も含まれる。具体的には，日本の市町村に相当するコミューンから，税財源を共有する複数の市町村からなる広域行政組織である広域連合体に上下水道事業の権限を移譲することを法的な義務にする，という大胆な広域化策が導入された。経過措置等があるものの，コミューンは2026年までに権限移譲を行うこととされている[62]。

　公的機関であるフランス生物多様性機構が管理している上下水道のデータベース（SISPEA）において最新版である2020年のデータを見てみると，広域連合体への事業移管による広域化が進展していることが読み取れる。図表6-2-9は，2015年時点と2020年時点の上下水道事業の運営形態を示したものだが，コミューンが単独で事業を行っている上下水道の数は減少傾向にあり，水道事業の数は約12,000事業あったものが約8,000事業まで約3割減少している。人口ベースではコミューンが運営する上下水道事業のサービスを利用している人の数は，この期間で半減し，1,000万人を割っている。

　対照的に，広域連合体が運営を行っている事業は，人口ベースでは，水道で約5割，下水道事業では6割を超える状況となった。広域連合体は，基本的には大都市を核として周辺の中小規模コミューンに跨るものであり，面的な広域化が進んでいることになる。2026年までの権限移譲期限に向けて今後もこの流

---

[62]　フランスにおける上下水道広域化の詳細は日本下水道協会「海外における上下水道事業の広域化等に関する調査研究 報告書」（2020年）を参照されたい。

れが続くと想定される。

【図表6-2-9】フランスにおける上下水道事業数等の推移

| | | 水道 | | 下水道 | |
|---|---|---|---|---|---|
| | | 2015年 | 2020年 | 2015年 | 2020年 |
| コミューン単独 | 事業数 | 9,042 | 5,864 | 13,485 | 8,129 |
| | 人口 | 1,696万人<br>(25%) | 739万人<br>(11%) | 30% | 914万人<br>(15%) |
| 事務組合 | 事業数 | 2,815 | 1,913 | 1,161 | 727 |
| | 人口 | 2,998万人<br>(45%) | 2,624万人<br>(40%) | 24% | 1,458万人<br>(24%) |
| 広域連合体 | 事業数 | 277 | 417 | 502 | 581 |
| | 人口 | 1,974万人<br>(30%) | 3,193万人<br>(49%) | 46% | 3,816万人<br>(62%) |
| 合計 | 事業数 | 12,134 | 8,194 | 15,148 | 9,437 |
| | 人口 | 6,668万人 | 6,556万人 | (N/A) | 6,188万人 |

注) 下水道事業の2015年の人口数値は掲載されておらずパーセンテージのみ記載されている。また，人口については，表に記載していない「その他の運営形態」という区分があることなどから，人口の合計値は参考値であり，フランスの給水人口が減少していることを必ずしも示すものではない点に留意。

出所：フランス生物多様性機構（AFB）「上下水道関係サービスの状況について）」（2015年データ版および2020年データ版）より著者作成（原題：Observatoire des services publics d'eau et d'assainissement. Panorama des services.）

## 2　運営を公営に切り替える都市があるが，さまざまな民間活用も進んでいる

　次に官民連携の状況を分析する。フランスでは，上述のSISPEAの2020年時点のデータによると，水道事業の事業数ベースで約7割が公営，3割がコンセッション[63]を活用しており，人口ベースでは逆転し4割が公営，6割がコンセッションを活用している。

---

63　フランスでは，大規模投資も含めて民間が担うコンセッションや，日本でコンセッションと呼んでいるもののように設備等の投資までが民間の事業範囲のアフェルマージュなどを総称してDSP（公共サービスの委任）と呼ぶのが一般的。本稿ではDSPをコンセッションと呼ぶ。

　近年の官民連携分野での動きとしては，一部都市での公営化の動きが挙げられる。2020年に主要都市であるリヨンとボルドーにおいて地方議会・首長選が実施された。両市ともに，長年にわたって水道事業をコンセッションにより実施していた都市である。今回，水道事業のコンセッション契約が2022年末に契約満了を迎えるなかで，今後の事業管理の方法も争点の1つとなった。選挙結果としては，両市ともに環境派のヨーロッパ・エコロジー・緑の党（EELV）が最多議席を獲得し，同党候補者が市長に就任した。両市は，コンセッション契約を更新せず，それぞれ新たに地方独立行政法人を設立し，民間事業者が行っていた水道事業を引き継ぐこととなった。

　例えば，リヨンの場合，2015年から2022年末までの水道事業のコンセッションにおいて，ヴェオリア社の子会社である運営会社は配水ネットワークに5,500個の漏水探知センサーを設置し，有収率を80％未満の状況から85％まで引き上げていた[64]。また，2015年の契約締結に際しては，20％以上水道料金値下げをしていた[65]。このようして導入されたテクノロジーや料金収入も値下げにより減るなかで，従業員も引き継ぎながら新たな地方独立行政法人は事業を行っていくこととなる。新たな地方独立行政法人には株主は存在しないことから，配当を支払う必要がなくなるが，その一方で，リヨン市として，水道事業のパフォーマンスの維持改善や，テクノロジーの刷新を自らの能力で実現していくという，重大な責任を負う選択をしたといえるだろう。

　民間活用を継続する自治体もある。フランスの水道事業で最大となる400万人以上の給水人口を有し，パリ周辺の135の自治体から構成される水道事務組合であるイル・ド・フランス水組合（SEDIF）は，コンセッションを継続することを決定した。

　さらに，注目に値するのは，公共100％出資会社（SPL）や官民出資会社（SEMOP）が増加していることだ。制度が2010年代に創設されて以来，数十のSPLやSEMOPが設立されている。民間企業へのコンセッション契約が満了

---

64　水道事業における民間活用とイノベーションに関するシンポジウム（2016年）におけるジェラール・コロン・リヨン市長（当時）基調講演（https://www8.cao.go.jp/pfi/pfi_jouhou/seminar/pdf/281006_suidousympo_1.pdf）およびリヨン市上下水道アニュアルレポートより

65　同上

した後の選択として創設されている例も多く，いわゆる再公営化と呼ばれる動きのなかに位置づけられるものもある。

**【図表6-2-10】近年の官民出資会社設立事例**

| 運営開始年 | 事例（地名） | 上・下 | SEMOPへの出資比率 | 契約期間 |
|---|---|---|---|---|
| 2016 | ドール | 水道 | スエズ51％，自治体49％ | 13年 |
| 2016 | ドール | 下水道 | スエズ51％，自治体49％ | 13年 |
| 2017 | セーヌ・シュル・メール | 水道 | スエズ65％，自治体35％ | 12年 |
| 2017 | セート | 水道 | スエズ60％，自治体40％ | 10年 |
| 2017 | シャルトル | 水道 | 民（Aqualter）60％，自治体40％ | 10年 |
| 2018 | シャルトル | 下水道 | 民（Aqualter）60％，自治体40％ | 8年 |
| 2018 | ポゼッション | 水道 | ヴェオリア51％，自治体49％ | 10年 |
| 2018 | サンタフリク | 水道 | ソー60％，自治体40％ | 15年 |
| 2019 | Téa水道組合 | 水道 | スエズ60％，組合40％ | 10年 |
| 2019 | ディナン | 水道 | ヴェオリア60％，自治体40％ | 7年 |
| 2019 | ディナン | 下水道 | ヴェオリア60％，自治体40％ | 7年 |
| 2021 | ディジョン | 上下一体 | エズ51％，自治体49％ | 9年 |
| 2022 | バ・ラングドック | 水道 | スエズ60％，自治体40％ | 13年 |

出所：各自治体ウェブサイト情報から著者作成

　例えば，南仏バ・ラングドック地域では，広域的な水道事業の事務組合（40％）と民間企業（60％）の出資によるSEMOPが設立され，事務組合との間で2022年から13年のコンセッション契約が締結された。このSEMOPの特徴は，フランスの上下水道分野で初めて，パクト法（企業の成長・変革のための行動計画に関する法律）に基づく「ミッションを有する企業（Entreprise à mission）」として，社会・環境面でのミッションを定款に明記したことだ。具体的には，水資源の保全，CO2排出量の縮減，生物多様性の推進，経済困窮者への配慮といった点をこのSEMOPは進めることとしている。パクト法に基づきミッション達成状況について第三者機関の評価を受ける仕組みとなっている。

第3章

# 今後の上下水道事業のPPP/PFI
## ～我々は何を考えるべきか～

## 1 多様な効果がますます期待されるPPP/PFIと留意すべき事項

### （1） PPPによる多様な政策とイノベーションの実現

　PPPは，一般的に民間事業者の資金力，経営能力そして技術力を活用して，上下水道等のインフラの総合的な管理を期待するものであるが，今後の日本の上下水道を考えると民間事業者への期待はこれだけではないし，長期契約はさまざまな効果も生む。地方自治体は地域に根ざし，地域経営を行う強い責任がある一方で，他の地方自治体の業務までサポートすることには限界がある。

　また，分野横断に関しても，異分野をビジネスとして行っている個別の民間事業者と対等な関係で共同事業を行うことには抵抗があるかも知れないし，公平性の観点から時間をかけて厳格な手続きを踏む必要がある。地域を超えた空間的な連携と異分野との連携による効率性や付加価値の創出にも民間事業者の活用は極めて効果的と考える。

　具体的には，広域化，異分野との連携による低炭素都市の実現，長期契約による肥料やエネルギーの下水道資源の安定的な供給システムの構築による需要者の安心感，さまざまな政策を支える最新のDX技術の導入，さらには，水道事業が国土交通省と環境省に移管される動きのなかで，現在の民間事業者がも

ともと，水道も下水道も行っていることを考えると上下一体政策も民間事業者主導の方が早いかも知れない。

さらに，上下水道の新技術の開発についてもPPPは効果的である。長期間にわたり施設の維持管理や水質管理を行うことで，実規模施設での研究や技術開発を行うことが可能になるからである。

【図表6-3-1】上下水道PPP/PFIの方向性

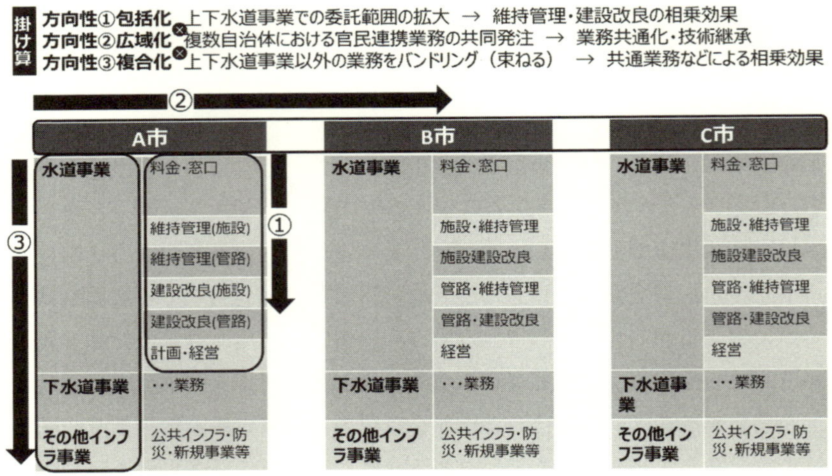
掛け算
方向性①包括化　上下水道事業での委託範囲の拡大　→　維持管理・建設改良の相乗効果
方向性②広域化　複数自治体における官民連携業務の共同発注　→　業務共通化・技術継承
方向性③複合化　上下水道事業以外の業務をバンドリング（束ねる）　→　共通業務などによる相乗効果
②
A市
B市
C市
③
①
水道事業
料金・窓口
維持管理(施設)
維持管理(管路)
建設改良(施設)
建設改良(管路)
計画・経営
施設・維持管理
施設建設改良
管路・維持管理
管路・建設改良
経営
下水道事業
・・・業務
その他インフラ事業
公共インフラ・防災・新規事業等

（著者作成）

## （2）　PPPの持続性の確保

日本はPPP/PFIの方向へ進んでいる一方で，上下水道で長い歴史を有する欧州等ではコンセッション等のPPP/PFIから公営に戻す都市もある。それらの要因はさまざまあるが，経営的な問題よりも，事業内容の不透明性等に対して市民の不信感が高まったことが大きい（引用文献　下水道協会誌12月号）。

上下水道経営は市民の料金等と税金で成り立つ事業であり，その信頼感の確保が持続的な経営の基盤となる。また，災害時における共助，首長の交代によるPPPに関する政治的な方針転換がなされようとした場合でも市民からの信頼

感が強い組織体であれば持続的に事業を継続できると考えられる。事業の透明性を高めるとともに，業務に対して真摯に働く姿やさまざまな地域活動に貢献する姿を見せること，そして上下水道事業者に対する市民の印象や信頼感を継続的に測定し改善を繰り返すことが大切である。

　また，「水文化」という言葉があるように，水に関する事業は電気・エネルギー等に比べてローカリティー，すなわち地域密着性が高いことにも留意する必要がある。市民との信頼関係が築かれていれば，多くの再公営化の契機となっている料金の変更時にも理解が得られると考える。

## （3）　官に求められるリーダーシップ

　日本のPPPは民営化ではない。前述したように，PPPには，経済効率性だけでなく，政治との関係性，市民との関係性を十分に考えながら推進していく必要があり，その全体調整を担うのは，引き続き地方自治体である。モニタリングだけでは，地方自治体職員の技術は継承されるとはいえないし，モチベーションは上がらない。結果的に，長期的観点からはPPPは地方自治体組織にとっては好ましくないとの認識が広がり再び公営で行うべきとの考え方が生まれてくる可能性もある。最終責任を取る立場にある地方自治体職員の技術継承や職務へのモチベーションの維持・向上のための方策が求められる。

　本書でも紹介したが，近年，官民出資会社が増加しつつある。この組織は官と民，それぞれの強みを生かし合うとともに，地方自治体職員にとっては，本組織に派遣されることなどを通じて現場の技術を直接に体験する貴重な機会ともなる。また，官民出資会社でない場合でも，官と民による一体感を高めるためのさまざまな活動は重要である。

## （4）　水業界の再編の加速と地域企業の活用

　日本の上下水道事業は，計画・設計を担うコンサルタント，施設建設を行うメーカー，そして維持管理会社がそれぞれを分担することで効率的な普及を図ってきた。これに対して，ウォーターPPP等のマネジメントの枠組みは，こ

れらの業務を一体的に行うことが求められる。このため，水に関わるさまざまな企業のアライアンスはもちろんのこと，融合等により業界内の組織再編が進む可能性がある。その一方で，小規模な管路の建設と維持管理は地元企業が担ってきている。処理場と管路の一体的な管理，また，災害時の対応を迅速に行うためにも，地元企業の積極的な活用が重要となる。

　こうした取組みが，地域インフラを担う主体として結実することで，今後の上下水道，そして地域インフラの危機を乗り越える取組み，さらには，担い手育成を可能にすると考える。そのためには，PPP/PFIの仕組みをフル活用していくことが不可欠だろう。

**【図表6-3-2】上下水道を核とした地域インフラ運営会社**

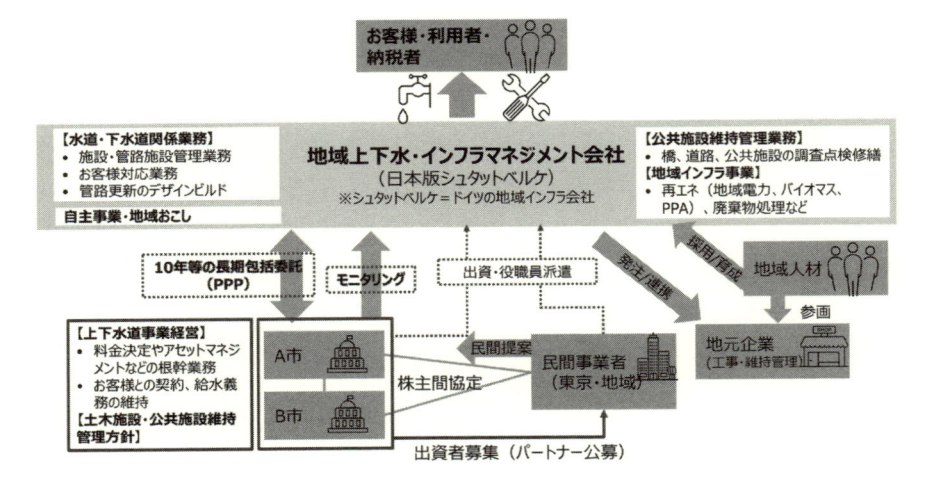

（著者作成）

# おわりに

## 整備から維持管理・運営の時代，本格的な老朽化と担い手不足と闘う時代へ

日本において，上下水道のPPP/PFIが本格的に導入されてから20年以上の歳月が経った。この間，上下水道事業は，新規整備・普及の時代から，維持管理・運営の時代への大きな転換期を迎えた。普及率という単一の目標に向かって邁進するなかでも先人たちの多くの苦労があったが，地域によってその度合いも異なる人口減少下で，最適な維持管理・運営のあるべき姿は全国単一のモデルがあるわけではない。

さらに，今後は，水道はもとより，下水道インフラも老朽化が本格化し，改築更新事業を迅速に進めていくためのヒト・モノ・カネがますます必要になる。2023年12月には，水道施設の老朽化に起因して，地方自治体が利用者に生じた損害を賠償すべきという，過去に例を見ない司法判断が下された。地方自治体が老朽施設の適切な維持管理，更新を怠ることは許されない状況となった。

また，日本の多くの産業で担い手不足が日に日に顕在化し，特に，公共事業，水インフラという「縁の下の力持ち」的な業界においてはその影響は大きなものだと思われる。安定的で，イノベーティブで，魅力的で，そこで働く人が日々新たな取組みをすることができる環境をどのように作ることができるのか，またその結果として，新たな担い手や技術を引き付けられるかが試される。

生活に不可欠な上下水道事業，上下水道産業が持続可能であるために，官民問わない関係者の英知を集結するときが今なのだと考える。

## 官と民で作り上げていくモデルへの転換

ウォーターPPPについて，今後10年で，水道および下水道で計200件導入が掲げられている。しかしながら，民間企業からは，民間も人手不足のなかで，それだけの件数の対応ができるのかを不安視する声もすくなくない。今後のレベル3.5の導入の進捗次第だが，後発となる地方自治体は，プレイヤー探しに苦労するということもありえるかもしれない。他方，地方自治体の現場では，

PPP/PFIの検討の方法自体がわからない，という声も多くあるのが実情だろう。

　こうした状況を打開するためには，民間提案制度の更なる活用が不可欠だ。「役所は事業を考えて募集する，民はそれに応募する」という従来の発想を超えて，官と民でその地域に根差した事業を形成するための議論，民からの提案を受け入れるということが必要となる。その先には，秋田県などで生まれている「第二県庁・第二市役所」的な補完組織が官民連携（官民出資含む）で組成されていくという地域インフラマネジメントの姿も視野に入ってくる。その時，民側には，製品やソリューションの供給という従来の供給者的視点ではなく，地域の生活，インフラが求めているもの，という需要者的視点を持って課題解決にあたっていくという視点，能力（ケイパビリティ）が求められるだろう。

## さいごに

　本書は，日本の上下水道事業におけるPPP/PFIに絞り，これまでの足跡も辿りながら，また，今後を見通して，多角的な分析，事例紹介に努めた。しかしながら，紙幅の関係で，残念ながら取り上げることが叶わなかった先導的事例や分析不足となった部分も少なからずある。そうした事例は別の機会にぜひ取り上げていきたい。

　本書の執筆にあたっては，中央経済社の和田豊さんのご支援をいただいた。心より御礼申し上げる。

　最後に，本書が日本の上下水道事業，上下水道産業の更なる発展に少しでも寄与することを願って筆を置きたい。


　執筆者を代表して

福田　健一郎

**■編著者紹介**

**加藤 裕之**（かとう・ひろゆき）
〈主たる執筆：監修，第6部第3章〉
　東京大学大学院都市工学科・下水道システムイノベーション研究室特任准教授
　博士（環境科学・東北大学），東北大学特任教授（客員），内閣府地域活性化伝道師
　国土交通省で下水道行政に従事，その後（株）日水コンを経て2020年より現職
　専門とする事項：上下水道政策，官民連携，下水道資源の農業利用，都市浸水，DX
　等

**茨木　誠**（いばらき・まこと）
〈主たる執筆：監修，第1部第4章〉
　国土交通省上下水道審議官グループ上下水道技術企画官（前内閣府民間資金等活用
　事業推進室企画官），技術士（上下水道部門）
　日本下水道事業団，国土交通省下水道部，滋賀県下水道課，内閣府等を経て2024年
　より現職
　専門とする事項：下水道政策／PPP/PFI政策

**福田 健一郎**（ふくだ・けんいちろう）
〈主たる執筆：監修，第1部第1～3章，第6部第1～2章〉
　EYストラテジー・アンド・コンサルティング株式会社
　インフラストラクチャー アドバイザリー　アソシエートパートナー
　（株）野村総合研究所を経て2012年にEY参画
　専門とする事項：上下水道事業を中心としたインフラ事業に関する各種コンサル
　ティングおよび官民連携支援

■著者紹介

**青木 拓哉**（あおき・たくや）
〈主たる執筆：第3部第1章，第4部第2章，第5部第1章2・4〉
　EYストラテジー・アンド・コンサルティング株式会社
　インフラストラクチャー アドバイザリー　シニアマネージャー，公認会計士
　公認会計士2次試験合格後，2004年にEY参画
　専門とする事項：上下水道を中心としたインフラ事業のPPP，財務会計，コンセッション事業の会計

**岩永 駿平**（いわなが・しゅんぺい）
〈主たる執筆：第3部第1〜2章，第5部第1章5・8〉
　EYストラテジー・アンド・コンサルティング株式会社
　インフラストラクチャー アドバイザリー　シニアコンサルタント，技術士（建設部門）
　建設コンサルタントおよび大阪府吹田市役所を経て2021年にEY参画
　専門とする事項：上下水道分野の官民連携支援／DX等支援，民間インフラ企業向け戦略コンサルティング，下水道事業における行政実務

**関　隆宏**（せき・たかひろ）
〈主たる執筆：第2部第1章，第4部第1章，第5部第1章1・3〉
　EYストラテジー・アンド・コンサルティング株式会社
　インフラストラクチャー アドバイザリー　シニアマネージャー，技術士（上下水道部門）
　（株）ウェルシィおよびメタウォーター（株）を経て2017年にEY参画
　専門とする事項：上下水道分野のバイサイドPPP/PFI事業計画立案，浄水場更新・維持管理計画立案，上下水道事業体の料金制度／経営改革／官民連携支援，広域化検討支援，脱炭素計画立案

**松村 隆司**（まつむら・たかし）
　〈主たる執筆：第5部第1～2章〉
　　EYストラテジー・アンド・コンサルティング株式会社
　　インフラストラクチャー　アドバイザリー　シニアマネージャー，技術士（上下水道部門）
　　（株）荏原製作所および水ing（株）を経て2013年にEY参画
　　専門とする事項：上下水道を中心としたインフラ分野における経営改革／官民連携支援／経営管理／DX等支援，民間インフラ企業向け戦略コンサルティング，水処理技術の研究開発

**八巻 哲也**（やまき・てつや）
　〈主たる執筆：第2部第1～2章，第5部第1章6〉
　　EYストラテジー・アンド・コンサルティング株式会社
　　インフラストラクチャー　アドバイザリー　シニアコンサルタント，技術士（上下水道部門）
　　日本工営（株），PwCアドバイザリー（同），（独）国際協力機構を経て2023年にEY参画
　　専門とする事項：上下水道施設の整備計画/設計，官民連携支援，民間インフラ企業向けコンサルティング

## 上下水道事業PPP/PFIの制度と実務
### ――ウォーターPPP／コンセッションまで官民連携手法を徹底解説

2024年9月5日　第1版第1刷発行

| | |
|---|---|
| | 加　藤　裕　之 |
| 編著者 | 茨　木　　　誠 |
| | 福　田　健　一　郎 |
| 発行者 | 山　本　　　継 |
| 発行所 | ㈱中央経済社 |
| 発売元 | ㈱中央経済グループ パブリッシング |

〒101-0051　東京都千代田区神田神保町1‐35
電話　03 (3293) 3371(編集代表)
　　　03 (3293) 3381(営業代表)
https://www.chuokeizai.co.jp
印刷／三英グラフィック・アーツ㈱
製本／㈲井上製本所

© 2024
Printed in Japan

## これ 1 冊ですべてがわかる PPP/PFI の教科書

新谷 聡美[著]

自治体職員、地方議会議員、民間事業者、金融機関職員必読の基本書が誕生！ 地方での活用を念頭に、官民連携コンサルティングの第一人者が基礎知識と実践ポイントを解説。

2024 年 1 月刊／Ａ５判ソフトカバー／212 頁

## 実践サステナブルPPP
### ―ＳＤＧｓに貢献する新しい公民連携ガイド

佐々木 仁[著]

近年ＳＤＧｓ等の影響を受けたサステナブルなＰＰＰへの関心が高まっている。本書では海外・国内での動向や基本事項、具体的な進め方、留意点を解説。詳細な事例分析も付す。

2022 年 9 月刊／Ａ５判ソフトカバー／224 頁

## 公共施設別　公民連携ハンドブック

株式会社民間資金等活用事業推進機構[編著]

全国各地の先進的事例や参考となる事例を 25 の分野に分け、採用した手法、事業概要、特徴を詳しく紹介。公民連携に役立つヒント満載の情報ブック。自治体、事業者必見！

2021 年 9 月刊／Ａ５判ソフトカバー／240 頁

## 公会計と公共マネジメント

馬場 英朗・大川 裕介・横田 慎一[著]

公会計と公共マネジメントの関わりについて、多面的な視点から考察。財政制度や公共サービス改革、行政評価、公監査等を、高度な会計知識がなくても理解できるよう詳説。

2021 年 9 月刊／Ａ５判ソフトカバー／176 頁

## 事業別／地方公営企業の経営・財務戦略

鈴木 豊・山本 清[編著]

地方公営企業の経営・財務の改善・改革のための考え方を実例を示して解説。取り上げるのは、水道、下水道、交通、病院、宅地造成、観光施設、介護サービス、駐車場等の事業。

2021 年 8 月刊／Ａ５判ソフトカバー／448 頁

### コンセッション・従来型・新手法を網羅した
## PPP/PFI 実践の手引き

丹生谷 美穂・福田 健一郎[編著]

空港、上下水道コンセッションの仕組みや課題を中心に、ＩＲも含めた最新の実践手法を解説。入札・公募以降の手続、契約、ファイナンス活用ほか、担当者必携のガイダンス。

2018 年 8 月刊／Ａ５判ソフトカバー／300 頁

## 新しい上下水道事業―再構築と産業化

山本 哲三・佐藤 裕弥[編著]

世界的にも良質な日本の上下水道は、各地で老朽化が進む等、様々な問題が生じている。これをいかに再構築し持続させるのか、官民の役割分担をどうするか等を多方面から検証。

2018 年 6 月刊／Ａ５判ソフトカバー／272 頁

中央経済社